KB187257

영양 훈련 건강

강아지 대백과

노자와 노부유키 지음 | 송수영 옮김

이아소

좋은 아침!
산책 시간은
아직인가.

LIVING WITH YOU

영원히
함께하자.

이렇게
풀밭에 앉아
풍경을 감상하는
시간이 제일 행복해.
LIVING
WITH
YOU

조금만 더 뛰어놀래.

집사야, 나 좀 봐.

칭찬해주세요.

LIVING
WITH
YOU

오늘도
소중한 하루.

LIVING
WITH
YOU

차례

Contents

II 건강 편

들어가며

Introduction

사람과 개는 1만 년 전부터 함께 생활하며 특별한 신뢰 관계를 쌓아왔습니다. 처음에는 부리기 위해 사육했으나, 오늘날은 의지하고 마음을 나누는 가족으로까지 발전하게 되었습니다. 덕분에 최근 강아지의 평균수명이 15세를 훨씬 넘어서는 장수 시대를 맞았습니다.

사람은 개와 함께 살면서 정서적으로 안정되는 테라피 효과를 얻습니다. 그리고 개도 사람과 시선을 맞출 때 행복 호르몬인 옥시토신이 분비되며, 개에게도 감정이 있고 마음이 있다는 사실도 밝혀졌습니다.

그런 사랑스러운 반려견이 '건강하게 오래 함께하길' 소망합니다. 이것은 반려견을 키우는 모든 사람의 간절한 바람입니다. 그렇다면 이를 위해 어떻게 해야 할까요. 반려견의 건강을 위해 무엇을 할 수 있을까요. 이를 알기 쉽게 전달하기 위해 책을 쓰게 되었습니다.

평소 강아지의 건강을 세심하게 돌봐주면 '건강 수명'이 길어집니다. 오랜 노년기를 활기차게, 보다 행복하게 누릴 수 있습니다. 그러나 사실 강아지의 마음을 읽어내고, 스트레스가 없는지, 불편한 것은 없는지, 생활 습관이 올바른지 등 건강 케어

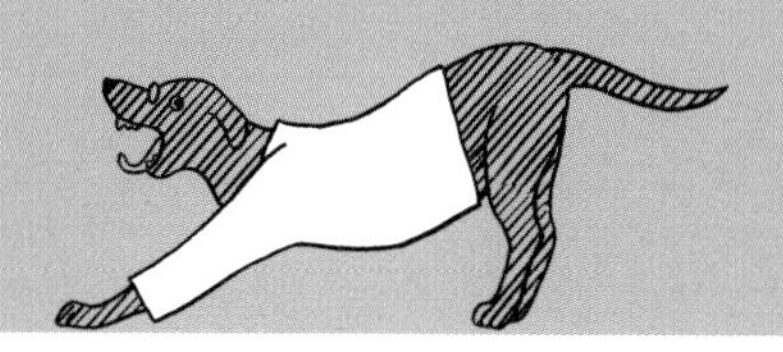

를 매일 일상에서 실천하기가 쉽지 않습니다. 이 책에서는 반려견의 심신의 건강을 유지하고, 수명을 연장하는 데 매우 중요한 정보를 모아보았습니다. 강아지의 건강을 돌보는 데 가장 핵심이 되는 내용입니다.

그리고 질병 예방과 이상을 조기 발견하는 데 평소 알아두어야 할 사항도 쉽게 전달해드립니다.

반려견을 돌볼 때 책의 내용이 머릿속에 있으면 틀림없이 한결 든든할 것입니다. 반려견을 집에 맞이하기 전에 준비 과정으로 미리 익혀두면 더 좋습니다.

또한 기존 의학서와 차별화해 강아지의 입장까지 대변하는 등 친근한 건강서로 꾸몄습니다. 사랑스러운 강아지 사진까지 함께 보며 즐길 수 있습니다.

부디 독자 여러분의 반려견이 건강하고 행복해지는 데 조금이나마 도움이 되길 바랍니다.

책 속 친구들

이 책은 단순한 의학 서적이 아닙니다.
반려견과 '건강하게 행복하게 오래 살기'에 대해 알아봅니다.
개를 대표해서 귀요미 가이드들이
건강에 관한 궁금증과 바람, 제안 등을 다양하게 제시하면서 여러분을 안내합니다.

귀요미 가이드들

털 손질을 싫어하는 시즈(6세)와 과거 보호견이던 일본견 믹스(2세 추정)는 집사와 함께 알콩달콩 살고 있습니다. 이웃에 사는 잭 러셀 테리어를 비롯해 많은 친구가 있어요.

왕왕 선생

6세 수컷. 수의사 면허 보유. 블랙 래브라도 레트리버. 취미는 매일 오후 5시에 울리는 차임벨에 맞춰 노래 부르기와 시 짓기.

우리도 함께해요

표지 부이코

페리에(P.2-3)/다이후쿠(P.4, P.50-51)/애니 & 베일리(P.4, P.82-83)/모코조(P.5)/바르트 & 부루타(P.6)/고하루(P.6)/와온(P.7, P.20-21)/나나미(P.7, P.138-139)/가이코(P.8, P.124-125)/다마(P.9, P.64-65)/허그(P.38-39)/후쿠(P.98-99)/비트(P.112-113)/우메코(P.154-155)/스파키(P.162-163)

Dog@Medical

생활 편

생활 편

마음 운동 수면 식사 공간 관리 QOL

건강 수명을 오래 늘리기 위한

7가지 약속

밝은 햇빛을 받으며 기운차게 걷고, 맛있는 사료를 충분히 먹고,
편안한 장소에서 안심하고 잠을 자는 평온한 일상.
여기에 세상에서 가장 좋아하는 사람과의 커뮤니케이션이 더해지면
반려견의 생활은 더할 나위 없이 행복하다.

마음

마음의 안정이 중요

스트레스와 불안, 공포를 느끼지 않고 마음 편안하게 지내는 것이 심신 건강에 대단히 중요하다.

→ P.38

운동

운동으로 체력과 근력 키우기

개는 운동을 좋아한다. 산책이나 놀이를 하면서 체력을 키우고, 실외에서 다양한 자극을 받아 정신적으로도 성장한다.

→ P.50

수면

수면으로 심신에 충분한 휴식을

수면은 하루의 피로를 풀고, 머릿속을 리셋하는 중요한 시간이다. 동물은 깊이 잠들지 않으므로 편안한 수면 환경이 중요하다.

→ P.66

식사

양질의 식사로 몸 튼튼 마음 튼튼

먹는 것은 개들의 중요한 즐거움 중 하나다. 양질의 식사가 튼튼한 몸을 만든다. 식욕이 충족되면 심리적으로도 만족한다.

→ P.20

공간

전용 공간 만들기

개는 먼 옛날 살았던 소굴처럼 몸에 딱 맞는 크기의 잠자리에서 안정감을 느낀다. 집 안에서 자유롭게 키우더라도 독립적인 거처를 만들어준다.

→ P.68

관리

외모 관리를 꾸준히

윤기 나는 털과 피부는 건강하다는 증거. 브러싱과 목욕을 적절하게 해주어 아름다운 몸=건강을 유지한다.

→ P.98

QOL

삶의 질을 높여 행복 충족

삶의 질(Quality of Life) 실현으로 행복 추구. 반려견의 경우는 '5가지 자유'가 보장되는 것이 최소한의 조건이다.

→ P.42

PART 1

식사 돌봄

건강을 유지하는 데
가장 중요한 요소가
바로 매일의 식사다.
양질의 식사가 건강한
몸을 만든다.

이 사료를 좋아할까?

전용 사료와 신선한 물만 잘 주면 영양은 충분하다지만, 과연 우리 반려견에게 잘 맞는지, 맛은 만족하는지, 매일 같은 사료라서 싫증이 나지는 않는지… 여러 걱정이 앞선다. 올바른 식생활은 반려견의 건강에 가장 중요한 원천이다. 그러나 비만이나 알레르기, 사료에 함유된 원재료, 위험한 첨가물 등 우려되는 문제도 적지 않다. 이번 기회에 반려견의 식생활과 필요한 영양소, 먹어서는 안 되는 것 등 식생활의 기본에 대해 확실히 알아두자. 반려견이 정말 필요로 하는 것에 대해 점검해 보는 기회가 될 것이다.

식습관이 궁금해

이 사료를 좋아할까?

개는 포유류의 '식육목'에 속하는 동물이지만, 탄수화물이나 과일까지 필요로 하는 잡식성 특성을 보인다. 고기를 찢어 먹기에 좋은 42개의 뾰족한 이는 육식성이지만, 육식동물치고는 다소 장이 길어 잡식성에 가까운 육식동물임을 짐작할 수 있다.

개의 후각은 인간보다 100만 배 뛰어난 반면, 맛을 느끼는 미뢰가 1/5 수준으로 적어서 단맛, 신맛, 쓴맛, 짠맛을 느끼는 미각의 감도가 사람보다 떨어진다고 한다. 강아지는 미각보다 뛰어난 후각으로 '먹는다·먹지 않는다'를 판단한다. 또한 인간이 감지하지 못하는 물맛(이온 농도)을 느끼는 능력도 가지고 있다.

있으면 있는 대로 먹어치우는 개의 습성도 알아두어야 한다. 심지어 잘 씹지 않고 빨리 넘겨버린다. 무리를 이뤄 사냥하던 야생 시절, 사냥의 성공률이 높지 않고 먹잇감이 있어도 동료가 먼저 먹어치우므로 이 같은 식습관이 생긴 것으로 본다.

먹는 것은 동물의 본능이지만, 이것을 관리하는 것은 전적으로 키우는 보호자의 몫이다. 공복은 좋지 않으나 과식도 비만의 근원이다. 비만은 다양한 질병의 원인이 되므로 연령이나 체중, 운동량에 맞춰 하루에 적정량의 식사를 제공하도록 한다(P.29).

비교적 가리는 음식 없이 잘 먹지만,
개 본래의 식성을 이해한다면 더 건강한 식사를 제공할 수 있다.

건강 식사 포인트 6

— point 1 —

사료 성분을 파악한다

사료 성분표를 면밀하게 읽어보는 것이 좋다. 조악한 재료를 사용하지 않은, 영양소가 균형 있게 들어 있는 제품을 선택한다. →P.26

— point 2 —

첨가물에 유의한다

위험한 첨가물이 들어 있지 않은지 잘 가려내자. point 1의 항목과 더불어 신뢰할 수 있는 사료를 선택하는 것이 중요하다. →P.26

— point 3 —

연령에 맞는 식사

유견, 성견, 노령견 등 연령에 따라 대사량과 섭취해야 할 영양이 다르므로 이에 맞는 식사를 제공한다. →P.29

— point 4 —

식사 시간은 소중한 것

개에게도 식사 시간은 큰 즐거움이다. 빼먹거나 기다리게 하면 스트레스를 받는다. 굶기지 않는 것은 '동물을 위한 5가지 자유'에서도 주요 덕목이다. →P.42

— point 5 —

먹는 즐거움을 일깨운다

가끔 사료에 고기나 채소를 소량 토핑하거나 손수 만든 음식을 주면 매우 행복해한다. 좋은 음식을 섭취함으로써 몸의 컨디션도 변화한다. →P.36

— point 6 —

신뢰할 수 있는 곳에서 구입

온라인으로 사료를 구입할 수 있어서 편리해졌지만, 보관 상태가 좋지 않은 제품이나 불량 제품도 있으므로 주의. 신뢰할 수 있는 구입처를 선별한다. →P.25

어떤 사료를 먹일까?

주식으로는 종합 영양식을

반려견을 위한 식사라면 이제는 사료가 일반적이다. 구입이 용이하고 영양 균형도 대체로 잘 맞춰져 있으며, 간편해서 많은 사람이 사료를 이용한다. 다만 종류가 너무 많고 다양해서 어떤 것을 골라야 할지 어려워하는 사람이 적지 않다. 선택을 하면서도 반려견이 정말 좋아할지 알 수 없어 불안이 남는다.

반려견의 주식으로 매일 먹기에 적합한 사료는 '종합 영양식'이라 표기된 타입이다. 강아지에게 필요한 영양 기준을 충족하고, 신선한 물과 함께 주면 건강을 유지할 수 있도록 이상적인 영양소가 균형 있게 들어 있다. 종합 영양식에는 맞춤형 성장 단계(유견, 성장기/ 성견, 유지기/ 임신기·수유기/ 전 성장 단계 등)가 반드시 표기되어 있다.

종합 영양식 외에는 부식으로 제공하는 '일반식'과 주전부리로 주는 '간식', 병으로 인한 식사 관리로 수의사가 처방하는 '요양식', 그 외에 '영양보충식'이나 '건강기능식품' 등의 종류가 있다. 종합 영양식 외의 사료에는 '부식 타입·종합 영양식과 함께 주세요' 등으로 별도 표기된 제품도 있다.

건식, 통조림 아니면 또 다른 것?

사료에는 다양한 타입이 있다. 각각 일장일단이 있지만 대개 주식으로는 종합 영양식을 선택한다. 건식 사료의 경우 종합 영양식이 많고, 그 외에는 종합 영양식과 일반식이 섞여 있으므로 반드시 라벨을 확인하자.

건식 사료 : 수분 함량 10% 이하의 사료이다. 씹을 때 딱딱한 알맹이가 마찰하면서 습식에 비해 치석이 잘 발생하지 않는다. 오래 속이 든든하고, 가격도 적당하다. 개봉한 뒤에도 쉽게 상하지 않는 것이 장점이지만, 첨가물이 많으므로 선택에 주의한다. 알맹이 모양이 대부분이지만, 플레이크 타입이나 동결건조 타입도 속속 등장하는 추세이다.

습건식 사료 : 수분 함량 20~35%의 반습식, 10~30%의 소프트 건조가 있으며, 습식과 건식 사료의 중간 타입이다. 소식이나 편식을 하는 경우나 노령견에게 적합하다.

습식 사료 : 수분 함량 75% 이상의 사료. 향과 식감이 좋아서 잘 먹지만 수분이 많아서 의외로 금세 공복감을 느낀다. 가격이 비싸다. 개봉 후에는 보존이 어렵다. 통조림이나 파우치, 튜브, 필름 포장 등의 타입이 있다.

매일의 식사는 건강을 유지하는 데 가장 중요한 요소.
그리고 하루 중 가장 행복한 시간이다.

올바로 보관해 품질 저하를 예방

사료를 구입할 때는 반드시 유효기간을 확인하자. 건식은 개봉 후에는 잘 밀폐해 시원하고 어두운 곳에 보관한다. 1개월 정도 문제없이 먹을 수 있지만 점차 맛이 없어진다. 또한 공기에 닿거나 빛을 쬐어 지질이 산화해 과산화지질로 변하면 건강에도 악영향을 미치므로 주의하자.

사료를 개봉하는 순간부터 품질이 떨어지기 시작하므로 봉지째 보관하는 경우는 가급적 공기를 빼주거나, 밀폐 용기에 옮겨 담는(진공 용기라면 더욱 좋다) 등의 방법으로 고온 다습을 피하는 것이 바람직하다. 미리 1주 분량 정도로 나누어 밀폐해 냉동 보관하는 방법도 있다.

한편 상점에서 보관 방법이 잘못되어 제품이 변질되는 경우도 있으므로 신뢰할 수 있는 구입처를 꼼꼼하게 가려 선택하는 것이 중요하다.

습식은 보존 기간이 짧으므로 개봉한 날에 완전히 다 먹인다. 이것이 어려운 경우엔 사료에 표기된 보관 방법에 따라 냉장고에 보관한다.

안전하고 건강한 사료 찾기

좋은 사료 고르기

가족의 일원인 반려견에게 맛있고 건강한 식사를 제공하고 싶은 마음은 누구나 똑같다. 이를 위해 우선 좋은 사료를 고르는 안목이 필요하다. 사료가 평소 주식인 만큼 유통기한뿐 아니라 포장지에 표시된 성분표를 주의 깊게 살피는 것이 중요하다. 특히 세심하게 봐야 할 항목이 '원재료'이다.

원재료의 함유량과 비율, 생산지를 살피는 것은 기본이다.

여기에 더해 육류의 경우 소고기, 칠면조, 뼈 없는 생닭 등 고기의 종류가 구체적으로 기재된 것을 선택한다. '육류', '가금류'와 같이 애매한 표기는 고기 부산물(뼈나 껍질, 내장, 잡육 등 폐기물과 다름없는 것)일 가능성이 있다.

또한 강아지 본연의 식성을 고려할 때 원재료에 곡물보다 고기·생선이 많이 들어 있는 것이 좋다.

성분표를 볼 때 일반적으로 사용량이 많은 것부터 원재료가 순서대로 표시되므로 참고하자.

단백질의 양도 매우 중요하므로 내역을 살피며 단백질 함량이 25% 이상인지 확인한다. 저가 사료 중에는 곡물로 양을 부풀리는 제품도 있으므로 주의가 필요하다.

주의해야 할 첨가물

반려동물 사료는 '식품'이 아니라 '사료'로 분류되어 안전한 식품인지 의심스러울 때가 많다(우리나라는 현재 농림축산식품부 '사료 관리법' 고시를 통해 사료 품질 관리와 안전성을 규제하고 있다. 최근 반려동물 사료 시장 규모가 커지면서 안전성 관리가 강화되는 추세다. – 옮긴이).

현재 시판되는 사료에는 매우 다양한 첨가물이 함유되어 있다. 대개는 먹어도 크게 문제가 되지 않는 것으로 증명된 성분도 있고, 사용된 양이 허용치를 밑돌아 크게 우려하지 않아도 된다. 다만 사람이 먹는 식품에 금지된 첨가물을 사료에 사용하는 경우가 있어 혼란을 부추긴다. 이 중에 특히 문제가 되는 것은 '산화방지제'와 '합성착색료' 2종류다.

산화방지제 에톡시퀸은 사람에게는 사용이 금지된 첨가물이다. BHT나 BHA는 발암성 위험이 있다. 합성착색료인 적색 2호, 3호, 40호, 104호는 발암성이 확인되어 대단히 위험하다. 청색 1호나 황색 5호는 알레르기의 원인이 된다고 알려져 있다.

이것들이 함유되지 않았는지 확인하고, 첨가물이 가급적 적은 것을 고른다.

다양화하는 사료

슈퍼마켓 등에서 손쉽게 구할 수 있는 일반 상품과 차별화된 보다 안전하고 품질이 좋은 프리미엄 사료가 점차 주목받는 추세다. 대부분 외국에서 만들어진 수입품이지만 국산 사료도 점차 증가하고 있으며 각기 몇 가지 특징을 내세운다. 다만 이들이 붙인 호칭에는 명확한 기준이 없어서 품질이나 안전성, 효과가 보증된 것은 아니다. 또한 '모든 첨가물이 개에게 좋지 않다'든지 '강아지는 곡물을 먹어서는 안 된다'는 식의 내용도 맞지 않다.

반려견의 건강을 위해 사료를 직접 만드는 사람도 늘고 있다.

프리미엄 사료의 특징과 키워드

휴먼 그레이드
사람이 먹을 수 있는 수준의 식재료를 사용한 사료로, 사람의 식재료 관련 식품위생법 등의 안전 기준을 충족하는 레벨.

오가닉 푸드
유기농 사료로 키운 가축이나 가금육, 유기재배 채소를 원재료로 하며, 호르몬제와 화학물질을 함유하지 않은 제품. 오가닉 인증 단체의 높은 기준을 충족해야 한다.

내추럴 사료
원재료에 자연 식재료만 사용하고 산화방지제 등의 첨가물을 일절 넣지 않은 사료.

그레인 프리
곡물을 사용하지 않은 사료. 식성이 거의 육식 성향인 강아지에게 곡물은 필요 없다는 사고방식과, 한편으론 비만과 알레르기를 예방하기 위한 건강식 지향 사료.

글루텐 프리
보리, 귀리 등의 곡물에 있는 단백질의 일종인 글루텐을 뺀 사료.

약선 펫 푸드
한방 이론에 기초해 식재료의 효능을 활용하여 자연 치유력을 높인 사료.

항알레르기 원료
사슴고기나 말고기, 버펄로육, 자연 방목 목초우 등의 고기 사료나, 한편으로 고기 알레르기 대책으로 연어 등을 사용한 사료도 등장하고 있다.

프리미엄 사료 개요

	휴먼 그레이드	오가닉	내추럴	그레인 프리
식재료	식용 식품 기준	무농약·유기	무농약·유기	일반
동물성 단백질	○	○	○	○
곡물	△	○	○	—
첨가물	△	—	—	△

프리미엄 사료로 불리는 고급·건강을 표방하는 사료의 개요. 호칭의 기준은 제조사 등에 따라 차이가 있다. 수입 제품도 원재료와 성분을 꼼꼼히 확인한 뒤 선택하자.

건강 유지에 가장 중요한 식사

먹성이 좋을수록 장수한다

과거에 비해 반려견의 수명이 길어진 주요 원인으로 식사의 질이 향상된 것을 들 수 있다. 개의 영양에 관련한 연구가 발전해, 영양 균형이 잡힌 사료를 생애 주기나 체중에 맞춰 적절하게 섭취할 수 있게 된 덕분이다.

사람만이 아니라 반려견 역시 생명의 근원은 '음식'이다. 식욕이 있다는 것 자체가 건강하다는 표식이다. 평소 먹성이 좋으면 고령이 되어도 이 습관이 지속된다. 잘 먹어서 필요한 칼로리를 섭취하는 것이 장수의 중요한 요건이다.

개에게 필요한 영양소

개에게 중요한 3대 영양소는 우리와 거의 비슷하지만 사람보다 단백질을 많이 필요로 한다. 그 비율은 탄수화물 57%, 단백질 25%, 지방 18%이다. 이 균형은 연령이나 운동량에 따라 변화한다. 또한 비타민, 미네랄을 포함해 5대 영양소로 분류하기도 한다.

- **탄수화물 :** 에너지원이 되는 영양소. 당질과 식이섬유로 구성되며, 소화하기 쉽게 주어야 한다. 과다 섭취하면 비만을 초래한다. 쌀, 밀, 콩류나 과일 등에 많이 함유되어 있다.
- **단백질 :** 개에게 가장 필요한 영양소. 면역력이나 근력을 높이는 데 필수적이다. 동물성 단백질은 소고기, 닭고기, 돼지고기, 생선 등에, 식물성 단백질은 콩, 밀 등에 있다. 종류에 따라서는 채소나 과일에도 함유되어 있다.
- **지방 :** 에너지원이며, 털과 피부 건강 유지를 담당하고 음식의 기호성을 높여준다. 동물성과 식물성이 있으며 고기나 생선, 콩류 등에 있다.

필요한 3대 영양소 비율

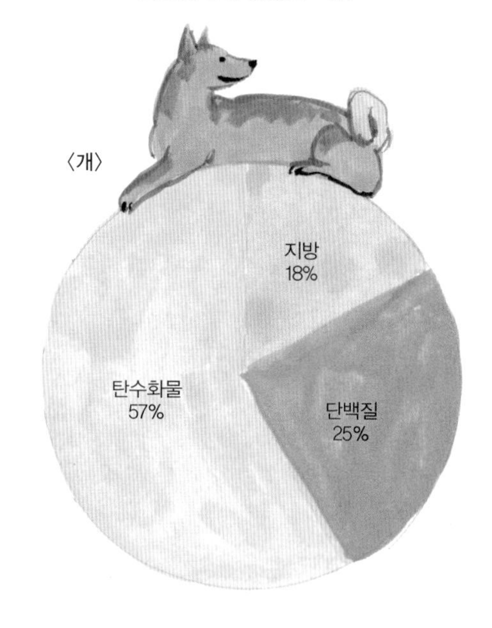

하루의 식사량

반려견의 하루 필요 식사량은 일일 소비 칼로리로 산출할 수 있으나, 그보다는 사료의 라벨에 체중에 따라 어느 정도 주면 좋은지 표기되어 있으므로 우선은 그것을 참고한다. 체중 변화에 따라 사료의 양을 증감하는 편이 간단하다.

여기에 토핑을 한다든지 간식을 제공할 때는 가능하면 그만큼의 사료를 줄인다. 또한 운동량이 많은 개는 에너지도 많이 소비하므로 양을 늘리고, 식성이 좋지 않은 경우는 고칼로리 사료를 적량 주는 등 유연하게 조절하는 방법도 필요하다.

사람과 마찬가지로 강아지도 비만이면 여러 질병의 원인이 되므로 적정량을 주고 있는지 확인하기 위해서도 매일 체중을 확인한다.

연령별 식사

성장 단계에 따라 필요한 영양소가 달라진다. 생애 주기에 맞는 식사를 제공하는 것이 중요하다.

- **~1세 :** 성장을 위한 에너지와 영양소가 필요한 시기. 특히 수개월부터는 발육이 눈에 띄게 빨라지므로 영양가 있는 식사를 섭취하도록 한다. 몸이 작아서 많은 양을 먹지 못하므로 식사 횟수를 늘린다.
- **~성견기 :** 건강 유지를 위해 영양 균형이 필수이다. 성견이 되면 하루 2회 식사를 기준으로 한다. 비만에 특히 주의한다.
- **~노령기 :** 기초대사가 떨어지므로 체중에 유의하면서 열량을 조정한다. 건식 사료를 먹기 힘들어한다면 따뜻한 물이나 국물 등으로 부드럽게 만들어 주거나, 습식 사료로 바꾼다.

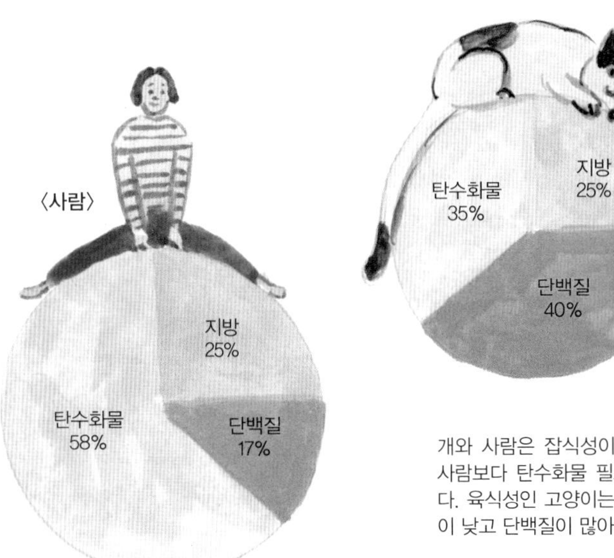

개와 사람은 잡식성이지만 개가 더 육식성이라 사람보다 탄수화물 필요량은 낮고, 단백질이 높다. 육식성인 고양이는 한층 더 탄수화물 필요량이 낮고 단백질이 많아야 한다.

간식을 먹여도 좋을까?

간식 너무 좋아!

비스킷이나 과자, 육포, 뼈, 껌, 치즈, 칩스 등 반려견을 위한 간식이 넘쳐난다. 무첨가나 칼로리가 없는 제품도 등장하고 있다. 실제로 개들은 간식을 정말 좋아한다.

간식은 트레이닝 목적으로 이용하는 경우가 많고, 그 외에는 영양 보급이나 구강 케어 등을 위해 주는 타입도 있다. 원하는 대로 다 줄 것이 아니라 목적에 맞게 선택해서 적당량을 주도록 하자.

간식의 양은 어느 정도?

이때 고민스러운 것이 간식의 양이다. 주식을 포함해 하루 정해진 칼로리를 주면 된다. 기준으로는 주식의 10~20%가량. 포장지에 내용이 기입되어 있다면 이를 지키도록 하자.

간식은 어디까지나 주전부리일 뿐이다. 간식으로 배를 채우는 것은 사람이나 개 모두 좋지 않다. 기호성이 높은 간식만 먹다 보면 주식을 찾지 않는 일이 발생하고, 무엇보다 영양 균형이 무너지고 만다.

필요하지 않다면 간식을 주지 않아도 좋다는 사실도 기억해두자. 또한 사료와 마찬가지로 양질의 원재료인지 확인하고, 위험한 첨가물에는 주의한다.

훈련용 간식 선택법

반려견 훈련에 기호성이 높은 간식을 사용하는 경우가 많다. 특히 유견기에 많은 훈련을 하면서 자칫 칼로리가 과잉될 우려가 있다.

이를 예방하기 위한 방법으로 매일 먹는 주식 사료를 훈련용 간식으로 사용할 수도 있다. 하루분의 사료에서 칭찬용으로 줄 양을 미리 빼놓아 칼로리가 과잉되는 문제를 예방하는 것이다. 건식 사료는 휴대가 간편하므로 산책 중에도 편리하게 사용할 수 있다. 훈련을 통해 많은 것을 인지하게 되면 이후엔 간식이 아니라 강아지가

간식이 들어 있는 장난감도 있어요.

적량의 사료를 잘 먹는다면 간식이 꼭 필요하지 않다.
다만 소통이나 먹는 즐거움을 위해 적당량 제공하는 것은 나쁘지 않다.

좋아하는 행동(칭찬하기, 쓰다듬기 등)으로 보상해주는 방법도 좋다.

건강기능식품이 필요할까?

종합 영양식을 적당량 섭취하면 굳이 주지 않아도 상관없으나, 건강에 우려가 있다면 건강보조식품으로서 활용하기도 한다. 다리와 허리의 움직임, 피부와 털의 윤기, 배설 등에 일부 개선 효과가 있다.

노령견이 되어 체력 저하가 느껴진다면 노화 방지책으로 항산화 작용이 있는 오메가3 지방산을 포함한 불포화지방산이나 포화지방산, 비타민류 등의 건강기능식품을 이용하기도 한다. 또한 암 치료에 병행해서는 베타글루칸이 함유된 건강기능식품, 면역력 향상을 위한 유산균이나 비피더스균 등 유익한 균을 증가시켜 소화 흡수율을 높이기도 한다.

단, 건강기능식품은 의약품이 아니므로 확실한 증상이 있는 경우는 병원을 먼저 찾아야 한다. 투여 여부에 대해서는 사람과 동일하게 생각하면 이해하기 쉽다.

먹는 즐거움은 끝이 없다!

오늘은 뭐가 떨어질까?

이건 먹어도 괜찮을까?

졸리다, 하지만 먹고 싶다….

More pleasure to eat.

오늘은 이 빵으로 결정했다.

역시 여름엔 오이야.

매일 아침 나의 행복.

뭐, 뭐지. 이 미끌미끌한 느낌은!?

오늘 밥은 뭐래?

슬슬 밥시간이다!

내가 먹는 음식을 줘도 괜찮을까?

중독을 일으키는 식품

우리에겐 친근하고 무해한 식품이지만 개는 중독을 일으키는 종류가 있다. 최악의 경우 생명까지 위협하므로 절대 주의하자.

파류(양파, 대파, 부추, 마늘, 랏쿄 등) : 알릴 프로필 디설파이드라는 성분이 있어 적혈구를 파괴해 빈혈 증상을 일으킨다. 체중 1kg당 양파 15g, 체중 10kg의 강아지라면 양파 3/4개 정도의 양으로 며칠 내 증상이 나타난다. 생파류만이 아니라, 함께 조리된 음식도 위험하다.

초콜릿 : 초콜릿에 들어 있는 테오브로민에는 독성이 있어 1~12시간 내 구토와 경련 등의 중독 증상을 일으킨다. 체중 1kg당 블랙 초콜릿 5g, 체중 10kg 강아지의 경우 블랙 판초콜릿 1개로 증상이 나타난다. 코코아도 피해야 한다.

자일리톨 : 섭취하면 인슐린이 과도하게 분비되어 혈당치 저하, 구토, 설사, 의식 혼미, 탈진, 혼수 등을 일으킨다. 중독 증상은 섭취 후 30분~수일 내에 나타난다. 체중 1kg당 0.1g, 체중 10kg의 강아지라면 고작 껌 2알로도 증상이 나타날 수 있다.
껌 외에도 치약이나 시판 과자의 감미료 등으로도 많이 사용되고 있으므로 주의하자.

마카다미아 너트 : 원인 물질은 불분명하나 12시간 이내에 구토, 탈진, 복통, 고열 등을 일으킬 수 있다. 견과류로 인한 장폐색에도 유의한다.

건포도 : 원인 물질은 불분명하나 신장 기능 이상으로 2~3시간 후부터 72시간 내 설사나 구토, 탈수, 다음·다뇨증이 나타난다. 만성 신부전의 위험도. 체중 1kg당 11~30g, 즉 체중 10kg의 강아지라면 200알 정도에 증상이 나타난다. 건포도보다 농도는 낮지만 포도도 삼간다.

재료를 자칫 떨어뜨릴 수 있으니 요리할 때는 반려견이 곁에 오지 못하게 한다.

생활편 PART 1 식사 돌봄

먹이지 말아야 할 식품

모든 강아지에게 나쁜 것은 아니지만 조금이라도 위험 요소가 있다면 피하는 것이 좋을 것이다.

당연히 알코올이나 커피 종류는 금물이다. 고추, 후추, 향신료 등은 자극이 너무 강하므로 피한다. 위험하다는 인식이 있는 닭 뼈의 경우 실제 사고는 그리 많지 않으나 삼가는 것이 무난하다. 소화가 힘든 오징어, 문어, 새우 등도 마찬가지. 또한 가공식품의 첨가물도 신경 쓰자.

먹어도 아무 문제가 없을 수도 있으나 소량 섭취로도 위독한 상태에 빠지는 경우가 종종 발생한다. 위험을 피하기 위해서는 보호자가 유의해야 한다는 사실을 항상 명심하자.

강아지에게는 강아지 사료

반려견은 사람이 먹는 식사에 흥미를 보인다. 좋은 냄새가 난다든지, 가족이 맛있게 먹는 모습을 보고 관심을 보이기도 하고, 또는 가족과 함께 식사 자리에 동참하고 싶은 마음도 있을 것이다. 언젠가 바닥에 떨어진 음식을 먹고 '맛있다!'고 기억할 수도 있다.

그러나 평소 우리가 먹는 음식은 대개 염분이 많아 과다 섭취하면 심장이나 신장에 악영향을 미치므로 주의해야 한다. 또한 당분이나 지방, 칼로리 함유량도 강아지의 식사로는 과도해 많이 먹으면 비만이나 생활 습관병을 유발한다.

반려견과 식사를 공유하는 문제는 각 가정마다 방침이 있으므로 일률적으로 절대 금지라고 할 수 없으나, 개는 몸에 좋은 것과 나쁜 것을 스스로 구별할 수 없다. 이것은 오롯이 보호자의 중요한 역할이다.

만약 음식을 공유하더라도 식기를 따로 한다든지, 먹는 장소를 별도로 정하는 등 일정한 분별이 필요하다.

또한 사람의 식사에 집착하지 않도록 반려견과 소통과 놀이를 충분히 해주고, 체력에 맞는 적절한 운동을 지속하는 것도 중요하다.

식탁의 음식에 신경이 쓰이는 것은 당연하다. 식탁에 함께해도 반려견에게 위험한 음식은 절대 주지 않는다.

대환영받는 식탐 메뉴

토핑도 좋은 방법

개는 먹는 것을 좋아하고 보통은 식욕이 왕성하나, 입이 짧고 편식이 심하다든지 맛있는 것만 찾는 고급 입맛을 지닌 개도 있다.

편식 또는 식욕이 감퇴하는 시기에는 매일 먹는 사료에 더해 토핑이나 영양가 있는 국물을 추가하는 방법을 추천한다. 건식 사료를 메인으로 하면서 채소나 고기를 토핑한다든지, 또는 육수를 부어준다. 황태나 닭고기 등으로 우려낸 육수라면 좋아할 것이다. 두말할 나위 없이 식욕이 왕성한 개도 이런 특별 메뉴는 대단히 좋아한다. 다만 칼로리 과잉이 되지 않도록 주식 사료의 양을 조절한다.

'아직인가? 오늘 메뉴는 뭘까?'
눈이 반짝, 가슴은 두근두근.

수제 요리는 어떨까

수제 요리는 장점이 많다. 건식 사료로는 부족하기 쉬운 수분을 섭취하고, 살아 있는 영양 성분인 비타민과 미네랄, 아미노산이나 소화를 돕는 효소를 얻을 수 있다. 채소에 있는 파이토케미컬은 항산화 작용을 해 장수와 질병 예방 효과를 기대할 수 있다.

영양가가 높은 제철 식품을 계절마다 섭취하는 것도 매우 바람직하다.

반려견을 위한 수제 요리에는 간을 하지 않는 것이 기본이다. 사람의 체온 정도로 따뜻하게 만들면 냄새가 올라와 기호성이 높아진다. 곡류, 육류나 생선, 채소 등을 섞어 영양 균형을 고려하고, 이후 배설물에 소화되지 않은 식품이 있는지 주의해 살핀다.

한편 토핑이나 수제 요리에 들어간 사과나 브로콜리 줄기가 목이나 배에 걸리는 사고가 있다. 개의 치아 형태가 잘게 부수는 데 적합하지 않고, 맛있다고 급히 먹는 것이 원인이다.

또한 식이섬유는 소화가 잘되지 않으므로 채소나 과일은 잘게 잘라 부드럽게 익혀준다.

물은 생명의 근원

개에게도 물은 생명 유지에 필수적이며 반드시 외부에서 섭취해야 한다. 몸속 수분의 20%를 잃으면 생명에까지 중대한 영향을 미친다. 성견은 체중의 약 65%가 수분이고, 이 중 2/3는 세포 내에 존재한다. 세포 내 액이 체중의 40~45%나 되며, 대사나 복잡한 화학반응이 이뤄진다. 한편 세포 외 액은 체중의 20~25%로 혈액이나 림프액으로 존재하며, 산소나 이산화탄소, 영양소와 대사 물질, 항체나 백혈구 등의 수송 매개체가 된다.

또한 효소로 인한 소화와 체온 조절에도 물이 필요하다. 수분 섭취량이 적으면 혈액이 찐득해져서 내장 질환만이 아니라 노화를 촉진한다. 신선한 물을 항상 준비하고, 수분 섭취량이 적으면 사료에 미지근한 물이나 육수를 더해주는 등의 방법을 시도해보자.

'놀고 난 뒤엔 물이 더 맛있어요.'
수분 섭취량을 알아두자.

미네랄워터보다
수돗물(가능하면 석회 제거)이
더 좋다.

몸의 수분은 땀이나 소변, 대변, 침, 폐에서 증발하며 끊임없이 유실된다. 그래서 수분 보급이 계속 필요한 것이다. 수분을 보충하지 않으면 서서히 탈수 증상이 나타난다.

필요 수분 섭취량은 기온이나 운동량, 사료가 건식인지 습식인지 수분 함량에 따라 다르지만, 대략 체중 1kg당 30ml를 1.2배 한 양이다. 계산식은 **「(체중×30)×1.2=하루 필요 수분 섭취량」**이다. 예를 들어 체중이 5kg이라면 180ml이고, 체중이 10kg이라면 360ml이다. 만약 하루 수분 섭취량이 체중 1kg당 90ml를 초과하면 다음증으로 판단해 내분비 등의 질환을 의심하게 된다.

물은 반려견이 쾌적하게 마실 수 있도록 항상 신선한 상태로 준비하며, 가능하면 하루 섭취량을 측정해 둔다.

PART 2

마음 돌봄

개도 마음이 있어서
스트레스를 느낀다.
마음이 건강에 영향을 미치는 것은
사람과 다르지 않다.

오늘은 어떤 기분일까?

평소보다 더 신이 난 날이 있는가 하면, 내내 잠만 자는 날도 있다. 창밖만 쳐다보고 있거나, 집 안 여기저기를 쉴 새 없이 돌아다니기도 한다. 기분 좋았다가, 늘어졌다가, 안절부절못하는 등 개도 매일 기분이 달라진다. 내면의 감정을 행동이나 동작으로 표현하므로 만약 불안이나 불만을 표출하는 것이라면 스트레스의 원인을 빨리 없애주는 것이 최선이다! 이를 위해 반려견이 보내는 메시지를 잘 캐치하고, 무엇을 말하려는지 뜻을 이해하도록 노력해보자.

마음으로 소통하기

눈 맞춤으로 옥시토신 분비

개는 늑대와 조상이 같다. 늑대와 다른 차이는 개는 인간과 소통하는 능력이 발달했다는 점이다. 특히 시선이 중요해서 눈 맞춤을 하면 개와 사람 모두 옥시토신의 농도가 높아진다. 옥시토신은 임신·출산 시 대량 분비되며 이른바 '행복 호르몬'이라 불린다. 스트레스 해소를 돕고, 행복한 감정을 느끼며, 신뢰 관계를 형성하는 작용을 한다.

개는 곤란한 일이 있을 때나 요구할 때도 인간에게 시선을 보낸다. 단순히 곁에 있는 것만으로도 옥시토신 농도가 상승하는 개도 있다. 쓰다듬어주는 것보다 더 낫다고 할 정도이다.

그러나 개와 달리 늑대는 시선을 통한 반응이 없다. 인간과 유전적으로 가까운 침팬지에게도 나타나지 않는다. 시선을 통한 소통은 진화 과정에서 오로지 개만 획득한 것이다. 시바견 실험에서는 수컷보다 암컷이 옥시토신 농도가 상승한다는 결과가 있었다.

개에게도 감정이 있다?

개는 가장 오래된 가축으로, 기원을 5만 년 전으로 본다. 초기 쓰임새는 밝혀지지 않았으나 개의 기질이 인간과 공생하는 데 적합한 것은 틀림없다. 그리고 1만 년 전부터는 능력을 살린 공생이 시작되고, 시선을 통한 소통이 이뤄진다. 개 특유의 포용성이

개는 행동을 통해 다양한 감정을 보여준다.

따뜻한 시선이 느껴지면 행복하다.
너도 나와 같은 마음이라니, 그저 고마울 뿐.

발휘된 것으로 보인다.

개는 인간의 행동을 읽어내는 특별한 재능이 있다. 이것은 감수성이 없으면 불가능하며, 공감과 위로의 감정이 작용한다. 보호자가 기쁘면 반려견도 기뻐한다. 이는 엄마와 아이의 관계와 매우 유사하다.

감정을 읽어 건강을 관리

피로가 몰려와 기운이 없을 때, 병으로 힘들 때 반려견이 걱정스러운 듯 곁에 다가온다. 사람의 마음을 읽는 교감 능력이 뛰어나기 때문이다.

반려견과 함께 살면 사람의 심신 건강과 삶의 질 향상에 도움이 된다는 연구 결과가 있다. 천식 리스크 저하, 아토피 증상 경감, 순환장애 개선, 불안증 개선 등에도 효과가 있다고 한다.

반려견이 우리에게 해주었듯 시선을 맞추고 마음을 읽어내 곤란할 때, 요구가 있을 때 안심시켜주자. 반려견의 불편을 케어하는 것은 보호자의 중요한 역할이다. 눈 맞춤을 포함해 일상의 교감이 서로의 건강관리에 매우 긍정적인 영향을 미친다.

의기소침, 우울한 날도 있다

스트레스가 건강 수명을 단축시킨다

개도 감정과 마음이 있다. 성인이 느끼는 정도는 아니지만, 2~2세 반 정도 수준의 기쁨, 슬픔, 분노, 두려움, 사랑과 같은 기본적인 감정이 있다. 그래서 괴로운 일이 발생하면 축 처지고, 도 넘은 스트레스를 받으면 컨디션이 무너지기도 한다.

반려견이 건강하게 잘 지내도록 식사와 환경에 신경을 많이 쓴다. 그런데 이에 못지않게 '마음'도 중요하다. 스트레스로 인해 몸에 질환이 생기거나 건강이 악화될 수 있다.

아래의 '5가지 자유'가 없는 상황을 비롯해, 스트레스 요인은 매우 다양하다. 명심해야 할 것은 이것이 오롯이 보호자가 개선해야 할 몫이라는 사실이다.

- **심리적 스트레스 :** 욕구 불만, 불안, 긴장, 공포, 슬픔 등
- **환경적 스트레스 :** 비위생, 소음, 더위·추위, 비좁음 등
- **신체적 스트레스 :** 상처나 통증, 괴로움, 영양 과부족, 운동 부족 등

스트레스로 인해 몸에 나타나는 개체 방위 반응을 '범적응 증후군'이라고 하는데, 다음 3가지 경과가 진행된다고 한다.

①스트레스에 어떻게든 적응하고 감정을 다스리려고 하는 경고 반응기.

②스트레스에 저항해 균형을 잡으려

동물을 위한 5가지 자유

동물을 위한 5가지 자유(The Five Freedoms for Animal)는 1960년 영국에서 처음 제창했다. 동물 복지와는 다른 개념으로, 반려동물의 심리적 고통을 줄이기 위한 행동 강령이다.

1. **목마름, 배고픔, 영양 부족으로부터의 자유** 식수는 충분한가, 배고픔으로 고통받고 있는가, 영양은 부족하지 않은가.
2. **적절한 편안함과 안식처** 더위나 추위는 없는가, 소음이나 비위생적인 환경에 살고 있지 않은가.
3. **부상과 질병의 신속한 진단과 치료 및 예방** 건강 상태는 좋은가, 백신을 포함해 적절한 의료를 받고 있는가.
4. **본성에 따라 행동할 자유** 구속받고 있지 않은가, 동물로서 자연의 행동이 가능한가.
5. **공포로부터의 자유** 사람이나 동물로 인한 학대는 없는가, 심한 체벌을 받고 있지 않은가.

당연한 내용 같지만 예컨대 무더운 날씨에 산책을 한다든지, 에어컨을 끈 상태에서 외출한다든지, 병이나 상처를 알아채지 못하는 등 일상생활에서 무심코 자유를 위협하는 경우가 있다. 세심하게 되돌아보자.

개도 기분이 가라앉는 날이 있다.
표정이나 행동 변화를 읽어내 스트레스를 줄여준다.

고 하는 반항기. 균형을 잡으면 안정되지만, 이로 인해 막대한 에너지가 소모된다.
③저항하는 에너지가 고갈되어 스트레스 원인이 되는 요인에 져서 파탄이 일어나는 피폐기.

스트레스로 인한 변화는 내면적 증상만이 아니라 탈모, 혈뇨, 알레르기 등 겉으로도 나타난다. 과도한 스트레스로 인해 몸에 스스로 상처를 입히는 자상 행위를 하는 경우도 있다.

이처럼 스트레스는 반려견의 건강을 해칠 수 있다.

스트레스를 없앤다

생활환경이 청결하고 편안한지, 상처나 병은 없는지…. 우선은 스트레스의 원인을 찾고 이를 없애야 한다. 좋아하는 음식이나 산책으로 기분 전환을 꾀하는 것도 좋을 것이다.

물론 가장 좋은 스트레스 해소법은 보호자와의 교감이다. 함께 있어주는 것! 좋아하는 사람과 즐거운 시간을 보내는 것이 반려견에게 최고의 스트레스 케어이며, 건강 수명을 연장하는 일이다.

뭐라고 하는 걸까?

같은 무늬네, 우리 친구 할래?

지금은 혼자 있고 싶다고.

'야, 놀자!' '아, 알았어.'

What are you talking about?

줄다리기하고 놀자.

머리 스타일 다 망가졌어.

종이 달라도 친해요.

미안, 지금은 못 놀아.

햇살이 좋군요.

괜찮아, 신경 쓰지 마.

내 마음을 알아줘

개와 친해지는 법

개는 긍정적인 말을 잘 알아듣고 좋아한다. '굿!', '착하지' 등의 말을 들으면 기뻐하고, 이에 '알았어요'라든지 '고마워'와 같은 동작으로 응답한다.

최신 연구 자료에 따르면 개가 사람의 말투에서 감정을 읽어낸다는 사실이 밝혀졌다. 긍정적인 말을 들을수록 개는 기분이 좋아지므로 감정 전달이 잘되고, 신뢰도 깊어진다.

한편 우리도 개의 감정을 읽어낼 수 있다. 다만 개와 사람은 공통 언어가 없으므로 주의 깊게 관찰하는 것이 중요하다.

개는 행동으로(때로는 개 언어를 곁들여서) 감정을 표현한다. 당연히 단번에 알아채기 힘들지만 교감이 쌓이면 무엇을 전하려는지 이해하게 된다.

카밍 시그널이란?

카밍 시그널(Calming=진정하다 · Signal=신호)이란 동물 특유의 비음성 언어로, 싫은 감정을 없애기 위해 관심을 다른 곳으로 돌리는 행동을 말한다. 특히 사람과 함께 사는 개나 고양이에게서 자주 나타난다. 긴장하거나 스트레스를 느끼면 개 스스로 진정하려고 갑자기 하품을 한다든지, 다가와 꼬리를 흔들고, 귀를 푹 숙이거나, 시선을 딴 곳으로 돌리기도 하고, 가렵지 않

이웃과도 친해지기

쭈그려 앉아 시선을 아래로 내려 부드러운 목소리로 말을 건다.
냄새를 맡도록 해주면 이 사람은 좋은 사람 같다,
친해질 수 있겠다는 식으로 인식한다.

은데 돌연 몸을 긁는다.

이런 행동은 무의식적으로 나오는 것이지만, 나름으로는 이유가 있다. 또한 의식적으로 접근해 얼굴을 핥는다든지, 좋아서 소변을 지린다든지, 요구하지 않았는데 손을 내주는 등 기쁨을 표현하는 경우도 있다. 이 같은 행동을 통해 개의 감정을 읽어낼 수도 있다.

카밍 시그널은 개들 무리에서도 나타나며, 주로 불필요한 대립을 피하는 효과가 있는 것으로 본다.

스킨십도 중요

보호자와의 스킨십은 반려견에게 매우 큰 즐거움이다. 몸과 마음이 모두 편안해진다. 특히 좋아하는 부위는 턱 아래, 귀 언저리, 목, 꼬리가 달려 있는 부위나 이마 등이다. 이때 보호자가 함께 편안하고 안정된 모습을 보여주는 것도 중요하다.

만지면 싫어하는 부위는 발끝, 항문 주위부터 꼬리 끝부분이다. 얼굴을 만지면 싫어하는 개도 많다.

개의 행동과 마음

등을 돌린다
적의가 없다는 의미 외에도 '지금은 나에게 집중하지 말아줘!', '그건 하고 싶지 않아'라는 표시인 경우도 있다.

몸을 긁는다
스트레스를 느낄 때 또는 '지금은 노는 것보다 쓰담쓰담이 중요해(놀고 싶지 않아)'라는 뜻을 전한다.

코를 핥는다·혀를 내민다
스트레스로 콧물이나 침 분비가 많아졌거나, 상대에게 적의가 없음을 알리는 사인인 경우도 있다.

싸움 중재
개들은 무리 내 안정을 중시해 불필요한 싸움을 피한다. 사람이 험악하게 부부 싸움을 할 때 분위기를 풀어주려 애쓰는 것도 무리 지어 생활하던 시대의 유산일지도.

왕왕 선생의 심리 솔루션 1

멍멍멍 흔들리는 속마음

Case 1

"집사가 잠자리에 들 때 옆에 가서 슬쩍 눕는데, 잠버릇이 나빠서 항상 밀쳐집니다. 슬그머니 스킨십을 즐기는 일은 포기해야 할까요?"

상담견의 마음을 담아 위로하는
좋은 시 한 수 읊어드리겠습니다.

토라진 척해보았네
침대 끝자락에서
내 맘 몰라주는 무심한 사람

그럼에도 앞으로도 계속 잠자리를
함께할 수 있기를 기원합니다.

Case 2

"우리 집은 부부 싸움이 끊이지 않습니다. 제가 원인인 것 같은데, 이대로 괜찮을까요?"

세간에 부부 싸움이 잦으면 개도 제때 밥을 못 얻어먹는다는 말이 있던데…. 부디 당신 마음이 잘 닿아 집사 부부의 정이 다시 도타워지길.

정 주고 사랑 주는
좋은 사람들이건만…
둘 사이에서 남몰래
울음 삼키는 날 봐서
부디 참으시개!

마음에 남는 상대가 있다, 그리고 그것이
상대가 보내는 메시지일지도 모른다는
핑크빛 사연이군요. 애타는 마음이 느껴집니다.

어디 있을까, 운명의 반쪽
어서 만나고픈
좋은 인연 나의 짝

Case 3

"산책 중에 늘 똑같은 전신주와 벽에서 저를 유혹하는 냄새를 맡습니다. 운명의 상대인가 싶어 직접 만나서 냄새를 맡고 싶습니다. 어떻게 하면 좋을까요?"

Case 4

"일이 바쁘다며 집사가 매일 아침 일찍 나가서 늦은 밤에 귀가하고는 피곤하다는 말만 합니다. 심할 때는 잘 놀아주지도 않습니다. 이렇게 힘든데 왜 일을 계속할까요?"

인간 세상에는 '일'이라는 것이 있어
나갔다가 귀가하는 규칙이 있답니다.
집사도 아마 당신에 대해 안타깝게
생각할 것입니다.

늦은 귀가에도
토라지지 않고
오늘따라 부드러운
너의 목소리
함께 못 놀아줘서
미안 미안해

생활 편

PART 3

놀이와 운동

밖을 거닐고
다양한 냄새를 맡고,
낯선 사람이나
다른 개와의 만남이
몸과 마음을
건강하게 한다.

밖에서도 집에서도 많이 놀자

산책 시간이 다가오면 '슬슬 외출해야지!'라며 기대에 가득 찬 눈길을 보낸다. 리드 줄을 만지작거리면 시간에 상관없이 '정말 가는 거야?' 반색하며 꼬리를 신나게 흔든다. 개들은 정말 산책을 좋아한다. 산책이나 놀이는 단순히 운동 부족 해소만이 아니라 스트레스 발산, 본능 자극 등 장점이 다양하다. 걷고 달리고, 여기저기 킁킁 냄새를 맡고, 구멍을 판다든지, 던진 공을 물어오는 야외 활동이 개에게는 더할 수 없이 소중하다.

운동과 놀이로 건강을 지킨다

건강에 중요한 3가지

반려견의 건강을 유지하는 데 중요한 요소가 '식사', '운동', '수면'이다. 이 3가지가 충분히 충족된 생활이 이상적이다.

오늘날은 반려견이 가족의 일원으로 실내 사육이 보편화되고, 사료를 주식으로 하면서 이상적인 식생활이 가능해졌다. 또한 비바람 걱정 없이 언제든 잘 수 있는 최적의 환경이 만들어졌다.

그러나 운동만큼은 보호자가 적극적으로 나서지 않으면 충족하기 어렵다. 물론 마당에 매어 지내던 때보다는 행동반경이 넓어졌지만, 실내에 갇혀 있다 보면 아무래도 운동이 부족하다. 이는 필연적으로 비만으로 이어진다. 문제는 이것만이 아니다.

천성적으로 개는 운동을 매우 좋아한다. 운동이 부족하면 스트레스가 쌓이고, 늘 똑같은 실내에 있으니 지루해진다. 가구 다리를 갉아대고, 화장지를 여기저기 어지르고 다니는 행동은 단순히 마음이 내켜서 장난을 친 것이 아니라 지루함을 알리는 항의일 수 있다. 장난의 원인이 우리에게 있는지 모른다. 이런 문제의 해결책이 바로 산책과 놀이다.

산책이 어려울 땐 실내 운동

호우나 태풍, 심한 추위나 더위로 산책이 여의치 않은 날도 있다. 이런 때는 산책 시간만큼 실내에서 몸을 움직이도록 유도해서 운동을 시키고 스트레스도 풀어준다. 개는 보호자와의 소통을 중요시하는 성격이라, 이렇게 함께 노는 시간이 심리적으로 안정을 찾는 데 긍정적인 작용을 한다.

강아지가 좋아하는 용품

끈이나 천을 물고 당기는 터그 놀이, 공 물어오기 등은 수렵 욕구를 자극하는 대표적인 오락이다. 쿠션 아래에 장난감을 감춰놓고 찾아내는 보물찾기는 '땅 파기' 본능을 충족시킨다.

개는 장난감도 매우 좋아한다. 어린 강아지에게 물 수 있는 장난감을 주면 유치가 빠지는 근질근질한 느낌을 해소한다. 봉제 인형으로 사냥감을 잡은 듯한 촉감과 쾌감을 얻기도 한다. 요즘은 소재나 모양, 목적에 따라 장난감도 매우 다양하다. 머리를 쓰면 간식이 나오는 두뇌 발달 장난감은 몰입감이 뛰어나 혼자 놀기에 좋다. 다만 잘못 삼키거나 부상으로 이어지지 않도록 선택에 주의하자.

본능을 자극하는 놀이

강아지는 보호자와 함께 노는 것이 제일 즐겁다!
움직이는 물체를 쫓아간다든지 구멍을 파는 행동은 개의 본능을 자극한다.
이런 놀이는 운동, 스트레스 해소에 도움이 되며 반려견과 보호자의 유대감을 강화한다.
다만 너무 흥분하지 않도록 주의하자.

터그 놀이
줄 타입 장난감이나 천을 잡아당기는 놀이. 반려견이 이기지 않도록 하는 것이 좋다는 말이 있으나 맞지 않는 낭설이다. 풀린 실 보푸라기를 잘못 삼키지 않도록 주의하자.

땅 파기·보물찾기
개에게 땅 파기는 마치 해야 하는 작업과 같다. 실내라면 쿠션이나 타월 등을 쌓아두고 땅 파기 놀이를 하도록 만들어준다. 파내다 보물(간식)을 찾는다면 더욱 좋아할 것이다.

물놀이
레트리버 계열이나 뉴펀들랜드, 세터 등 사냥이나 낚시를 도왔던 견종은 물을 대단히 좋아한다. 물놀이를 즐길 수 있도록 해주자. 다만 안전에 주의!

공놀이
움직이는 것을 추격하는 본능을 채워주는 공놀이도 매우 좋아한다. 잡아서 잘 가져오는 트레이닝이 되면 '도그 파크' 등 야외에서 함께 즐길 수 있다.

산책은 매일 해도 신난다!

산책의 장점

산책의 목적은 운동만이 아니다. 집 밖으로 나와 걷는 것만으로 스트레스가 해소된다. 화창한 날에는 일광욕을 즐긴다. 매일 같은 코스라도 날씨나 바람, 냄새가 하루하루 달라서 집에서 똑같은 사물을 보는 것과는 천지 차이다. 또 가족 외 낯선 사람이나 개를 만나고, 여기저기 냄새를 맡고, 다양한 것을 보는 것이 개에게 좋은 자극이 되므로 사회성을 키워주는 데도 매우 효과적이다. 길에서 다른 개가 남긴 냄새를 맡아 개끼리 소통한다는 속설도 있다. 만약 그렇다면 여기저기 킁킁거리는 행동도 이해가 된다.

'뭔가 좋은 냄새가 나는데….'
매일 새로운 발견을 한다.

산책을 통해 건강 체크

산책하는 동안 평소보다 활발하지 않다든지, 발을 끌고 걷는 등 행동 변화를 감지해 상처나 질병을 찾아낸다. 배설물에서 이상을 발견해서 질병을 조기에 알아낼 수도 있다.

호흡도 체크해야 할 요소 중 하나다. 개의 호흡수는 안정 시 1분당 20~30회가 정상이다. 호흡하는 방법도 평소와 다름없는지 확인하자. 특히 불도그나 퍼그 등 단두종은 호흡에 문제가 잘 일어난다. 단, 대형견은 식사 직후 운동으로 인해 위장이 뒤틀리는 위염전증의 요인이 되기도 하므로 주의.

견종·연령별 운동량 기준

견종이나 연령에 따라 운동량이 달라진다. 소형견은 1일 1회, 30분~1시간 정도 산책이 기준.

아침저녁 2회 30분씩 나누는 방법도 좋다. 소형견은 다리가 가늘어서 장시간 운동은 부담이 된다. 산책을 좋아하지 않는 경우는 실내에서 운동이 되는 놀이를 한다.

중형견은 1일 2회 또는 1회의 산책 시간을 1시간 정도로 한다. 대형견은 1일 2회 또는 1회에 1~2시간 천천히

'안녕! 너는 몸이 크구나.' 다른 멍멍이
친구를 만나는 것도 산책의 즐거움.

걷는 것이 힘들어지면 카트를 타고 산책.
바깥바람을 느끼는 것만으로도 기분 전환.

'아, 흙냄새가 좋아!'
다양한 냄새로 심리적 자극을 받는다.

사각사각 소리 나는 마른 낙엽 위를
걸으며 가을을 만끽하자.

걷는 것이 이상적이다. 다만 몸의 크기와 관계없이 운동량이 많은 견종이나 운동을 많이 해도 살이 잘 찌는 체질도 있으므로 반려견의 성향을 잘 아는 것이 중요하다. 개가 활동적인 시간대는 아침과 저녁이다. 이것과 보호자의 생활 패턴을 잘 맞춰 운동 시간을 확보하자.

고령이 되면 대사 기능과 근력이 저하된다. 산책을 싫어하면 무리할 필요는 없다. 건강하다면 1회 약 10분을 기준으로 하루에 2~3회 나누어 산책을 하여 다리와 허리가 쇠약해지는 것을 예방한다. 걷지 못하게 되면 펫 카트에 싣거나 보행 보조 하니스를 활용.

외출은 언제나 즐겁다. 단순히 바깥 공기를 쐬는 것으로도 스트레스가 해소된다.

운동량은 나이가 들면서 감소하므로 산책이나 놀이 시간을 잘 배분한다. 반려견의 몸 상태를 살펴 조절하도록 하자.

안전한 산책을 위한 준비

반려견에게 가르쳐야 할 것들

실외로 데리고 나가기 전에 최소한의 안전을 위해 미리 훈육이 필요하다. 우선 부름에 응답하는 아이 콘택트와, '기다려'나 '이리 와'(P.89)와 같은 지시어를 확실하게 익히면 많은 위험을 피할 수 있다.

멈춰 섰을 때나 섰다가 다시 걸을 때는 말을 걸어주고, 아이 콘택트를 하면서 걸으면 산책이 한결 원활하다.

사람이나 다른 개를 보고 짖거나 갑자기 뛰어나가서 폐를 끼친다든지, 큰 소리에 겁을 내고 도망치는 등의 문제를 피하기 위해서도 사회화 훈련(P.160)이 중요하다.

이를 위해 첫 산책을 나가기 전에 미리 안고 코스를 걸어본다. 많은 것을 보여주고, 소리를 들려주어 바깥세상에 익숙하게 하는 것이 효과적이다.

줄을 당길 때는?

특별한 냄새 등 뭔가를 발견하고 개가 줄을 당기는 경우가 있다. 이는 매우 자연스러운 행동이지만 자칫 주워 먹기나 자동차, 자전거 등과의 접촉, 대형견의 경우 보호자가 넘어질 위험이 있으므로 잘 컨트롤해야 한다.

줄은 항상 짧게 잡고, 개가 줄을 당기면 보호자는 멈춰 선다. 더 이상 가지 않는다는 것을 인지시킨 후에 다시 함께 걷기 시작한다. 이때 '가자'와 같은 말을 해주면 좋다. 잘 따라줄 때는 칭찬한다. 이런 패턴을 반복하면 곁에 붙어서 안전하게 산책하는 습관이 붙는다.

킁킁거리는 행동, 괜찮을까?

반려견과 걷다 보면 여기서 킁킁, 저기서 킁킁 냄새를 확인하느라 여념이 없다. 이는 개의 본능에서 나온 자연스러운 행동이므로 무리하게 제지할 필요는 없다. 욕구를 채울 수 있게 해준다. 다만 지저분한 장소는 피하고 뭔가 주워 먹지 않도록 잘 살핀다.

아무 데나 자유롭게 냄새를 맡게 할 것이 아니라, 좌우로 제 맘대로 줄을 당기거나 돌발적으로 뛰어나가서는 안 된다는 규칙을 인지시키는 것이 바람직하다.

개는 냄새를 맡은 뒤 마킹 차원에서 대개 배설을 하므로 가정집이나 상점 앞, 사람들에게 폐가 되는 장소에서는 냄새 맡는 행동을 가급적 삼가도록 하고, 그 외 장소라도 마킹을 하면 물을 끼얹는 등 매너를 잘 지키자.

산책 매너

개를 싫어하는 사람도 있다

공공장소에는 개를 싫어하는 사람도 함께 있다는 사실을 잊지 말자. 물거나 짖거나 덮치지 않도록 훈육이 되어야 한다. 타인에게 폐를 끼치지 않는 것은 반려동물만이 아니라 언제나 중요한 태도이다.

반드시 목줄을 사용한다

신축성 있는 리드는 추천하지 않는다. 리드를 짧게 쥐고 산책한다. 무슨 일이 생겼을 때 바로 반려견을 돌아오게 할 수 있어야 한다. 여러 마리가 함께일 때는 엉키거나 사이가 벌어지지 않도록 주의.

용변 정리는 깔끔하게

배설물은 반드시 집에 가지고 돌아온다. 통행이 많은 아스팔트에 배설했을 때는 용변 시트에 흡수시켜 정리하고 물을 끼얹어 처리한다. 이러는 사이에도 리드를 짧게 쥐어 사람이나 다른 개와 접촉하지 않도록 주의한다.

다른 개가 다가올 때는

부드러운 목소리로 말을 걸며 길을 양보한다. 길 건너편으로 이동하거나, 반대쪽으로 반려견을 붙여 시야를 차단하고 지나갈 때까지 리드를 짧게 잡는다. 친분이 있는 경우가 아니면 반려견끼리의 접촉은 피한다.

주워 먹지 않게 주의

개가 뭔가를 발견한 듯하면 리드 줄을 짧게 잡고 입이 지면에 닿지 않도록 조절한다. 특히 길가나 공원 식물 중에는 개에게 유해한 것도 있으며, 제초제가 뿌려져 있을 수 있으므로 주의한다.

도주 방지

목줄이나 하니스와 리드는 확실하게 장착할 것. 사이즈가 맞지 않으면 당길 때 빠져나가는 불상사가 생기기도 한다. 도주 등 만일의 사태를 대비해 목줄에 이름표를 부착한다든지 마이크로칩을 삽입해둔다.

이런 산책은 위험해

한여름 산책은 주의!

40℃에 육박하는 무더위에 지치는 여름. 한 발자국 나가는 것도 주저되는데 이런 날에도 반려견은 산책을 가자고 어김없이 보챈다. 한동안 더위로 산책을 못하다 보니 안타까운 마음도 없지 않다.

그러나 집 밖은 개에게 매우 혹독하다. 신체 구조상 개는 사람보다 열을 잘 배출하지 못한다.

설상가상으로 개는 지면 가까이서 걷기 때문에 땅의 열기가 고스란히 덮쳐온다. 지면에 가까울수록 온도가 높아지므로 개는 우리가 느끼는 것보다 5℃가량 뜨거운 열을 체감하게 되어 열사병의 우려가 있다. 햇볕으로 50~60℃까지 올라간 아스팔트에 육구가 화상을 입을 수도 있다. 한여름에는 햇살이 내리쬐는 시간대를 피해 이른 아침이나 해가 진 후에 시도하는 것이 바람직하다. 집을 나서기 전에 지면을 만져보며 온도를 확인하자.

너무 더운 날은 산책을 거르는 대신 에어컨이 켜진 실내에서 많이 놀아준다. 또한 바람이 심하게 부는 날이나 비가 오는 악천후에도 무리한 산책은 피한다. 비를 태생적으로 싫어하는 개도 있다.

어두운 시간에 산책할 때는 라이트를 지참하고 리드에 형광 테이프를 부착하는 등 안전 대책도 꼼꼼하게.

지옥 불 아스팔트

한여름 산책에는 열사병에 주의하자. 뜨거운 햇살에 달궈진 아스팔트는 상상 이상으로 열을 내뿜는다.

강아지 산책 데뷔

마지막 백신 접종을 마치고 1주가 지나면 함께 외출할 수 있다.

첫 산책에 실패하지 않도록 미리 집에서 훈련을 해두자. 우선 목줄과 하니스에 친숙해지는 것이 좋다. 리드 훈련에는 목줄이 좋지만 소형견 등 목이 가는 견종에는 아무래도 하니스가 더 안전하다.

다음으로는 리드를 연결하고 집 안을 걸어본다. 어릴 때부터 창밖 풍경을 자주 보여주고, 자동차 소리를 비롯해 바깥 소음을 들려준다. 조금 더 성장한 뒤에는 품에 안고 가까운 곳을 걸어보는 등 조금씩 집 밖 세상에 익숙해지도록 한다.

기본적으로 산책을 좋아하도록 하는 것이 중요하다. 첫 외출에 아직 겁을 많이 낸다면 무리하지 않는 것이 좋다. 개는 태생적으로 밖을 좋아하므로 얼마 지나지 않아 산책이 즐겁다는 것을 알게 될 것이다.

반려견이 실종되었을 때는

탈주·도주는 교통사고의 위험도 있어서 절대 피해야 할 사태이다. 현관문이나 창문을 열고 닫을 때나 산책을 나설 때는 세심하게 주의하자. 만약 미아견이 되었을 때는 평소의 산책 코스나 친구의 집, 좋아하던 공원 등 바로 인근을 찾아본다. 이때 강아지를 산책시키는 사람 등에게 목격 정보를 물어보고 협조를 요청한다.

찾지 못했을 때는 다음 날까지 지역의 관할 지구대, 소방서, 유기동물 보호소에서 습득 사실 공고를 확인해본다. 사고를 당할 가능성도 고려할 수 있으므로 인근 동물병원에도 문의해 보는 것이 좋다.

다소 고전적인 방법이지만 강아지 사진이 들어간 전단도 효과적이다.

개를 좋아하는 사람들의 눈에 띄도록 사진을 크게 넣는 것이 포인트다. 거리에 무단으로 붙이는 것은 위법이 될 수 있으므로 자택이나 지인의 집, 동물병원, 애견 숍, 펫 살롱 등에 양해를 구하고 부탁한다.

또한 SNS를 적극적으로 활용하거나 동물 관련 카페 등에 글을 올려 도움을 요청할 수도 있다. 단시간에 정보가 모이므로 조기에 발견하는 경우도 많다.

고양이나 개 등 반려동물과 함께 살다 보면 자칫 잃어버리는 사고가 가장 우려스럽다. 잃어버린 반려동물을 찾으려면 아무래도 여러 사람에게 알려 도움을 받는 것이 좋다. 우선은 이런 때에 대비해 현재 2개월령 이상의 개는 반려동물 등록이 의무화되어 있으므로 미리 대처해둔다. 반려동물 등록이 완료되면 실종 사고 시 동물보호관리시스템(www.animal.go.kr 대표번호 1577-0954)에서 동물 등록 정보를 통해 찾아낼 수 있다. 또한 현재 전국의 동물보호센터에서 보호 중인 동물을 확인할 수 있다. 자신의 반려견이 보이지 않는다면 분실한 동물 정보를 올려 신고할 수도 있다. 반려견이 실종되었을 때 확인해보자.
그 외 유기동물보호센터(www.zooseyo.co.kr)에도 실종된 반려동물을 등록할 수 있다. 글을 작성한 후 인쇄하면 애완동물 찾기 전단도 만들어진다.

오늘은 어디까지 가볼까?

좋아, 오늘도 신나게 가는 거야!

아아, 좋은 냄새.

뽀드득 눈의 촉감이 재밌어.

What game shall we play today?

코스모스가 예쁘군.

캬아오~. 점프!!

냥이 님 발견. 우리 친구 하자!

이쪽으로 빨리 공 던지라니까!

친구야, 어느 길로 갈 거야?

사실 대단히 신난 얼굴입니다.

집사들은 몰라요!

왕왕 선생의 심리 솔루션 2

우리 집 금쪽이 속마음 고백

Case 1

"오늘도 집사의 신발을 물고 들어와서 또 혼이 났습니다. '좋은 냄새가 난다=좋아한다'는 표시인데 왜 화를 내는 건지 도무지 모르겠어요."

집사의 땀 냄새를 좋아하는 마음은 이해하지만 집사가 아끼는 신발이라는 점도 헤아려서 행동하길. 당신은 지금 스트레스가 쌓여 있나요? 생활환경을 좀 더 편안하게 만들어봐요.

오늘도 나는 킁킁 냄새를 맡네 당신이 아끼는 소중한 신발임을 알고 있기에

Case 2

"요즘 꺼칠한 사료 위에 내가 좋아하는 맛있는 음식이 살짝 곁들여 나옵니다. 맛난 것만 배부르게 먹는 방법은 없을까요?"

사료에 토핑을 해서 만들어주는군요. 좋아요. 맛있지요? 하지만 꺼칠한 사료는 종합 영양식이니 남기지 말고 함께 잘 먹도록 하세요. 그리고 한 가지 좋은 정보도 알려드리지요.

가리지 않고 사료를 맛있게 잘 먹는 내가 개 훌륭!

Case 3

"보호견입니다. 과연 새 집사가 나타날지 불안하기만 합니다. 사랑받는 요령을 알려주세요."

지금은 보호견에 대한 관심이 높지요. 의기소침할 필요가 전혀 없답니다. 희소식은 느긋하게 기다리라는 옛말을 마음에 새기길.

보호견의 집 찾기는
인간 세상사
오래 함께하는
좋은 만남이 있길

생활편

PART 3

놀이와 운동

Case 4

"몸이 안 좋아 요양식을 하고 있는데 도무지 식욕이 당기지 않습니다. 육포나 비스킷을 먹고 싶은데 안 될까요?"

안 됩니다.

수의사가
막는 음식은
입에 다 달지

PART 4

쾌적한 주거 환경

우리가 사는 집이
가족인 반려견에게도
쾌적하고 안심할 수 있는
환경이어야 한다.

안심할 수 있는 장소는 어디?

반려견의 공간은 어디로 할까? 울타리를 둘러줄까, 아니면 집 안을 자유롭게 돌아다니게 할까, 잠자리와 화장실은 어디에 둘까 등 생각해야 할 문제가 많다. 주택 사정이나 반려견의 성격에 맞춰 가정마다 규칙을 정하면 좋으나, 무엇보다 반려견이 안정적으로 지낼 수 있는 공간인지 우선 고려해야 한다. 중요한 것은 가족과 함께 원만하게 잘 지내는 일. 개는 특히 홀로 외로운 것을 싫어한다. 그리고 또 한 가지, 집 안 환경이 반려견에게 안전한지도 점검해봐야 한다. 가재도구 등이 의외의 위험 요소가 되어 사고로 이어지는 일이 있다.

이런 집에 살고 싶어!

함께 있으면 행복

반려견과 함께 생활하는 데에 중요한 전제는 개가 안심할 수 있고, 사람도 쾌적하게 지내는 것이다. 개는 기본적으로 사람을 좋아한다. 가족과 함께 있을 수 있고, 자신의 거처가 편안하면 충분히 행복하다.

개가 안심할 수 있는 환경을 만드는 것은 전적으로 보호자의 역할이다. 반려견과 생활하고 있다면 다음 사항을 꼭 점검해보자.

반려견의 생활에 필요한 것

집은 반려견이 가장 많은 시간을 보내는 장소이다. 그러므로 가능하면 편안하고 좋은 환경을 만들어주고 싶다. 그렇다면 특히 염두에 두어야 할 것이 '안정을 취할 수 있는 공간'이다. 케넬(플라스틱 등으로 만든 캐리 케이스) 등을 이용한 집이 이에 해당된다(P.69).

어릴 때는 실내에서도 격렬하게 뛰논다. 강아지가 안전하게 움직일 수 있는 공간을 만들어주자. 집 밖을 조망할 수 있고, 바람이 통하는 창문이 있으면 스트레스 해소에도 좋다.

대전제로서 반려견을 처음 맞이할 때 지금 살고 있는 집이 키우기에 적당한지, 키우려는 견종에 맞는지도 생각해야 한다. 원룸에서 대형견을 키우는 것은 아무래도 보호자는 물론 강아지에게도 어려움이 있다.

반려견이 좋아하는 집 만들기

첫 번째로 고려할 사항은 개에게 위험한 장소·물건을 없애는 것이다. 자잘한 물건을 치우고 더불어서 주방 등 위험천만한 곳에는 게이트를 설치하는 등 출입을 제한한다. 출입을 금지하는 장소에 대해서는 가정마다 규칙을 세우도록 한다.

집 설비로는 의외로 바닥에 주의해야 한다. 미끌미끌한 바닥은 넘어지기 쉽고 관절에도 부담이 가기 때문에 바람직하지 않다. 코르크 바닥이나 쿠션 기능이 있는 장판이 걷기에 편안하다. 카펫은 미끄럽지는 않지만 털 청소나 대소변 뒤처리 면에서 어려움이 있다. 또한 파일 카펫에 발톱이 걸리므로 바람직하지 않다.

원목 바닥도 나쁘지 않으나 수종, 왁스 유무 등에 따라 미끄러운 정도에 차이가 있다. 개가 좌우대칭으로 앉을 수 있는가를 기준으로 삼아 어렵다면 반려견이 주로 있는 곳에 부분적으로라도 미끄럼 방지 대책을 세운다.

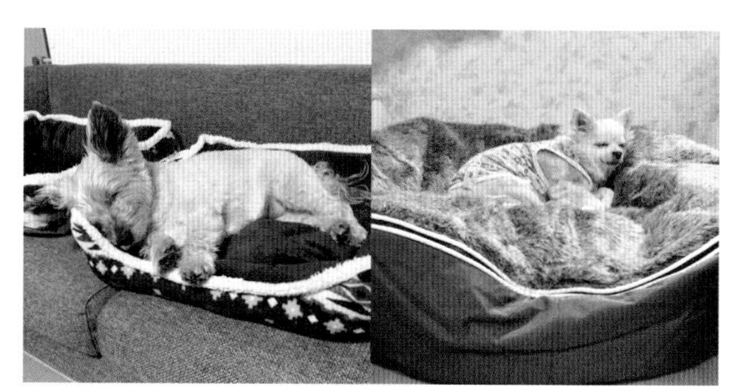

쾌적한 잠자리

폭신폭신 복슬복슬한 침대는 강아지가 매우 좋아하는 곳. 잠을 푹 자야 건강도 유지된다. 조용한 장소에 만들어주도록 하자.

안심할 수 있는 러브 하우스

항상 안에만 있지 않아도 좋다. 안정을 취할 수 있는 자신만의 '둥지'가 있으면 안심한다.

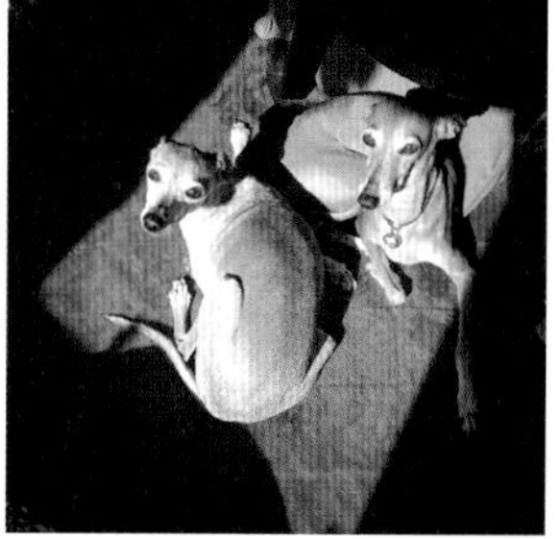

바깥 경치를 볼 수 있는 창가

실내에 있는 시간이 길어도 창을 통해 밖을 볼 수 있다면 지루함을 느끼지 않는다.

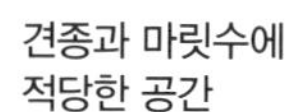

견종과 마릿수에 적당한 공간

가볍게 뛰어다니거나 장난감을 가지고 즐겁게 놀 수 있는 정도의 공간을 확보하면 좋을 것이다.

바깥공기와 냄새를 맡을 수 있는 장소

테라스나 마당에 놀 수 있는 공간이 있다면 최상. 어쨌든 개는 바깥을 매우 좋아한다.

안전하고 편안한 환경 만들기

쾌적한 위치를 찾아라

개는 본디 소굴을 파서 어두컴컴하고 좁은 곳을 잠자리로 삼았다. 집 안에도 이런 장소가 있으면 안심한다. 또한 개는 세력 범위를 다투는 습성이 있어서 사람과 주거 공간을 분리해주면 더 안정감을 느낀다.

자기 집을 가장 편안한 장소로 인식할 수 있도록 어린 강아지 시절부터 습관을 들인다.

집을 어디에 만들까?

화장실 문제 등의 우려가 없다면 집 안 곳곳을 자유롭게(출입 금지 장소는 제외) 돌아다니게 한다. 이런 경우라도 자신만의 집 개념으로 케넬을 설치해주면 심리적으로 안정감을 느낀다.

더 나아가 지시가 있을 때 자발적으로 집에 들어가는 습관을 들이면 외출이나 재해 시 피난 상황에도 안심할 수 있다.

여건상 자유롭게 풀어주기 어려운 경우는 케이지나 울타리로 반려견 '전용 공간'을 만들고 안에 잠자리와 화장실, 물을 넣어둔다. 개는 깨끗한 것을 좋아하는 습성이 있어서 잠자리가 더러우면 불편해한다. 잠자리와 화장실이 너무 가까우면 화장실 외의 장소에 배설하기도 하므로 주의하자.

여유가 된다면 실내만이 아니라 마당에 가림막이 있는 널찍한 울타리를 치고, 안에 잠자리를 마련하는 것도

본능 완벽 충족!
몸에 딱 맞는 사이즈로 손수 만든 잠자리.

애착 장난감만 있으면
어디서든 새근새근 잠잘 수 있어요.

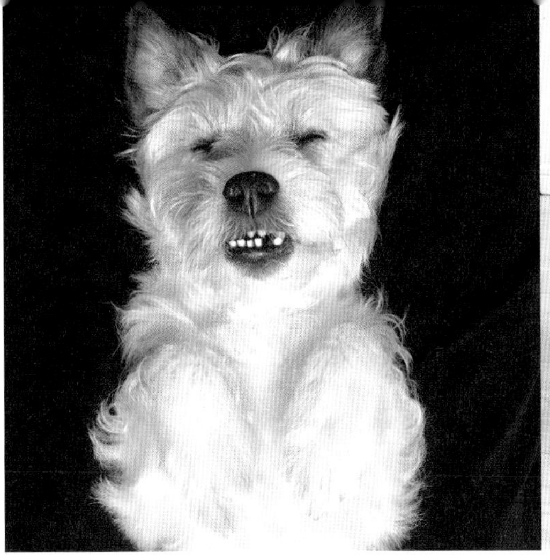

좁지 않을까 싶은 장소도 의외로 편안해한다.

좋다.

반려견의 공간을 어떤 스타일로 할지는 인테리어나 청소 편의성을 고려하고, 방의 넓이, 가족의 취향이나 라이프스타일에 맞춘다.

개집 크기와 설치 장소

개집을 어느 정도 크기로 해야 편안해할까. 산책이나 운동을 통해 해방감을 충족시키고 개집은 엎드리기와 방향 전환이 가능한 넓이면 충분하다. 울타리의 경우는 성견이 되었을 때 뒷발로 선 높이의 1.5배 정도를 고른다.

개는 사람이 함께 있어야 안심하고 휴식을 취하므로, 시야에 가족이 보이는 장소 혹은 기척을 느낄 수 있는 장소에 설치한다. 뒤에 벽이 있으면 안정감이 있다. 햇살이 들고 통풍이 좋으며 온도가 안정적인 곳도 쾌적하고 바람직한 조건이다. 반면 에어컨 바람이 직접 닿거나 TV 근처, 통행이 많은 번잡한 곳은 피한다.

사람의 생활 사이클에 맞춰 같이 밤샘을 한다든지, 조명이 밝으면 잠을 이루지 못하는 반려견도 있다. 밤에는 숙면을 위해 달빛보다 밝지 않는 정도로 어둑하게 조성한다. 물론 밝은 방에서도 잠을 잘 수 있지만, 체내 시계를 조절하기 위해 밤에는 편안하게 잠들 수 있는 환경을 만든다.

적당한 개집 크기

'앉아', '엎드려'를 했을 때 높이와 길이 모두 5~10cm 여유가 있는 사이즈를 고른다. 안에서 유턴을 하기 힘들면 작은 것이다.

배변 훈련에 성공하려면

어떤 화장실을 좋아할까?

반려견의 화장실은 배변판에 흡수성이 좋은 시트를 깔아 이중으로 만들어주는 것이 일반적이다. 암컷이나 수컷 여부, 다리와 허리의 길이에 따라 모양과 크기를 정한다.

일반적인 '플랫형 화장실'은 웅크리고 배설하는 강아지용이다. 다리를 들고 배설하는 수컷은 벽면형 제품을 선호한다.

화장실은 일반, 세미와이드, 슈퍼와이드 등 크기가 달리 나온다. 강아지는 배설할 장소를 결정할 때 빙글빙글 도는 습성이 있으므로, 시트 안에서 충분히 돌 수 있는 사이즈가 좋다.

화장실은 청결을 최우선으로

어린 강아지를 맞이하면 처음에는 깔아준 여러 장의 시트 반경 안에서 배설하게 한다. 이후 훈련(P.89)을 통해 정해진 장소 개념을 인식하게 된다. 이에 따라 점차 시트의 면적을 줄여가며 화장실을 고정한다. 성공하면 칭찬하고, 간식을 주어 트레이닝을 한다.

만약 계속 실패한다면 원인은 화장실이나 시트가 더러워서 혐오감을 갖기 때문인 경우가 많다. 개는 깨끗한 것을 좋아하는 성향이 있어 다리에 오물이 묻거나 더러운 것을 피하기 위해 화장실에서 벗어나 배설하는 것이다. 가능하면 화장실의 청결을 유지하도

종종 실패하는 경우도 있다

머리는 화장실에 있지만 엉덩이가 빠져나오는 경우도 흔하다.
본인(강아지)은 '잘했다!'고 생각하는 모양이지만….

배변 훈련만큼은 꼭 성공하길 바란다.
화장실이 마음에 들지 않아 실패하는 경우도 있으므로 주의하자.

록 한다. 화장실 주위로 울타리를 놓거나, 사이즈를 크게 늘리는 등의 대책도 방법이다.

다만 일상에 불만이나 불안이 있는 경우에도 의식적으로 바깥에 실례를 한다든지 별도의 장소에 배설할 수 있으므로 이 점도 점검해본다.

화장실은 편안하고 안심할 수 있는 장소에 설치한다. 복도 등 사람의 통행이 많은 곳은 적절하지 않다. 여름에 덥고, 겨울에 추운 곳도 피한다. 반려견의 입장에서 생각해 최적의 장소를 찾는다.

수컷과 암컷의 화장실 차이

일반적으로 수컷은 세력권에 대한 의식이 강해 산책 중에도 자신의 영역에 소변을 본다. 예컨대 전신주의 '가급적 높은 위치'에 다리를 들고 마킹하는 행동을 빈번하게 한다. 높은 위치일수록 '강하다'는 메시지로 다른 개에게 과시하는 것이다. 반대로 암컷은 수컷만큼 세력권에 대한 의식이 강하지 않아서 대개는 웅크리고 배설한다. 성별에 관계없이 독특하게 배설하는 개도 있다.

간혹 산책하는 길에 배설하는 습관이 생겨 이후로는 집에서 하지 않는 케이스가 있다.

실외가 개방적이기 때문인지, 아니면 집을 더럽히지 않으려는 이유인지는 알 수 없다. 다만 집에서 배설을 하지 못하면 악천후나 병으로 산책을 나가지 못할 때, 후에 노령견이 되었을 때 번거로워져 문제가 된다.

또한 최근에는 우선 집에서 화장실을 해결한 뒤 산책을 나가는 매너가 자리 잡는 추세다.

집에서 배설을 꺼리는 습관이 생겼더라도 말과 훈련을 통해 얼마든지 개선할 수 있으므로 바꿔보도록 하자.

집에서 노는 것도 좋아!

이대로 잘까, 아니면 놀까.

볼? 로프? 뭐든 좋아!!

어이, 거기 장난감 좀 집어주겠니?

I like a comfortable home.

더운 걸 못 참는 체질이라.

이봐, 던져줘.

으쌰! 앗!

배가 서늘, 아~ 기분 좋다.

신나네, 아주 신나.

이거 물어도 되는 거지?

더위·추위로 인해 병에 걸린다?!

더위 타는 개를 위한 적정 온도

사람은 환경 온도가 30℃를 넘어가면 열사병으로 인한 사망률이 증가한다. 한편 개는 환경 온도 22℃ 이상, 습도 60% 이상에서, 즉 사람에게 그리 덥지 않은 상황에도 열사병 증상이 나타난다. 개의 체온은 사람보다 높지만 온몸으로 땀을 분출하지 못하기 때문에 열이 축적되어 열사병에 걸리기 쉽다. 기온이 올라가기 시작하는 4~5월부터 더위 대책이 필요하다.

견종에 따라서 다르지만 실온이 23~26℃ 정도가 되도록 냉방기를 설정하고, 복도나 현관, 별도로 마련한 쿨매트 등 시원한 장소를 찾아 스스로 이동할 수 있게 해준다. 발이나 커튼으로 햇볕을 차단하고, 에어컨이나 제습기로 습도를 낮추는 것도 중요하다.

열사병에 주의

한여름 뙤약볕 산책은 당연히 피하고, 심지어 실내에서도 열사병 위험이 있으므로 유의하자. 병원에서는 개의 체온이 40℃에 가까우면 열사병으로 진단한다. 특히 퍼그나 페키니즈 등 단두종은 한층 주의가 필요하다. 호흡기 질환, 심장 질환, 비만견도 열사병에 매우 위험하다. 사람이 모두 부재한 상황에서 온도가 올라가 사고가 나지 않도록 외출 전에 예방한다. 여름철엔 차 안에 반려견만 두고 기다리게 하는 일도 절대 금지다.

반려견이 팬팅(Panting, 혀를 내밀고 헉헉 숨을 내쉬는 것. 체온 조절을 하는 행동이다)을 하면 덥다는 사인이다. 서늘한 장소로 이동해 수분을 보급해주자. 그럼에도 계속 거칠게 숨을 쉬면 얼음이나 보랭제를 옆구리나 가랑이에 대주고 바람을 쏘이며 체온을 내린다. 구토, 혈뇨, 경련은 물론 의식을 잃은 경우 몸을 차게 해주면서 바로 병원을 찾는다.

그 외 여름에는 햇살로 인한 일광피부염, 실내에 있어도 불꽃놀이나 번개 등의 큰 소리에 공포와 도주 행동을 보이기도 한다. 풀이 무성한 시기에 뿌려진 제초제도 위험하다.

추위에 강하다?

'베르크만 법칙'에 따르면 같은 종이라도 한랭한 지역에 서식하면 체중이 더 나가고 추위를 잘 견딘다고 한다. 추운 지역이 원산지인 시베리아 허스키나 사모예드, 아키타견 등은 체중도 나가고 '더블 코트'라 불리는 이중모

사계절의 변화도 즐거워요

개도 기온이나 바람을 통해 계절의 변화를 체감하고, 잘 적응해가면서 자연을 즐긴다.

를 타고나 추위에 강하다. 한편 '싱글 코트'인 토이 푸들과 치와와는 추위에 약하다.

다만 개는 야생동물이 아니므로 환경에 따라서도 변화한다. 집 안에서 생활하는 경우와 실외에서 생활하는 경우는 추위를 견디는 강도가 다르다.

겨울 기온은 21~24℃가 적당하다. 실내에서는 난로나 온열 매트로 인해 저온 화상에 걸리지 않도록 주의. 실외에서는 눈 오는 날 길에 뿌려진 제설제가 발바닥에 붙을 수 있으므로 발을 핥지 않도록 주의한다. 중독의 원인이 된다.

봄철과 가을철 주의 사항

쾌적한 계절이지만 주의해야 할 점도 있다. 봄은 환모기이므로 브러싱으로 탈모 관리를 한다. 꽃가루 등으로 인한 계절성 개 아토피 피부염, 모기에 의해 전염되는 개 사상충증(P.153)에도 주의한다.

가을철 비 온 뒤 많은 강아지에게 나타나는 개 렙토스피라증은 사람과 동물 공통 감염증이다. 불결한 토양이나 강, 연못의 물에서 감염되므로 가까이 가지 않도록 한다. 개 렙토스피라증을 예방하는 백신 접종도 효과적이다.

집 안에는 예상치 못한 위험이 가득

위험 ① 주방

불이나 기름, 칼, 쓰레기통, 개에게 유해한 식품 등 집 안, 특히 주방은 화상과 중독 사고의 위험이 가득하다. 보호자가 외출한 사이 반려견이 난로의 누름식 스위치를 밟아 화재가 난 사건도 있었다. 만져서는 안 되는 물건, 먹어서는 안 되는 위험물은 완전히 치우는 것이 최선. 그럼에도 예상치 못한 실수가 벌어질 수 있다.

주방에 문을 달아두는 등 출입을 아예 금지시키는 것이 안전하다.

위험 ② 계단 · 층계

특히 소형견은 계단을 오르내릴 때 탈구나 골절의 우려가 있고, 내려갈 때 자세가 허리에 부담을 준다. 노령견도 마찬가지로 계단이나 층계가 몸에 무리가 된다.

또한 미끄러지기 쉬운 계단에서는 굴러떨어질 위험이 있다. 안전문을 설치하는 등의 방법으로 가급적 접근을 차단한다. 이것이 무리라면 미끄럼 방지 패드를 붙이는 등의 대책을 마련한다. 계단 경사를 완만하게 조절한다든지, 슬로프를 설치하는 방법도 효과적이다.

위험 ③ 전기 제품

전기 코드나 충전 케이블을 갉아 먹거나 콘센트에 앞발과 코를 비벼서 감전된다든지, 소변으로 콘센트를 적셔서 합선되는 예기치 못한 사고가 일어난다. 외출 중 화재 발생 가능성까지 있다. 코드류는 반려견이 건드리지 못하도록 잘 정리해서 수납하고, 벽의 콘센트는 아이용 안전 커버를 씌우는 등 안전을 위해 예방을 한다. 위험한 물건은 철저히 감출 것. 이것은 모든 집의 주요 사항이다.

위험 ④ 출입구

탈주 사고를 방지하기 위해서도 출입구의 안전 확보는 확실하게! 택배를 받는 사이, 잠깐 환기를 위해 창문을 열 때 등 순식간에 탈주 사고가 일어난다. 또한 사람의 동작을 기억하고 미닫이문이나 손잡이식 문을 여는 반려견도 적지 않다.

문이 잘 닫혀 있어도 방심은 금물이다. 외부로 이어지는 문 앞에는 별도의 칸막이를 설치하는 등 이중 대책을 세워둔다. 뛰어나갔을 때 바로 제지할 수 있도록 '기다려'나 '멈춰'를 훈련해 두는 것도 중요하다.

출입 금지 시 주의점

출입을 금지하는 장소는 문을 닫든지 안전문을 설치한다. 애완동물용, 아이용 안전문이 시중에 다양하게 나와 있다. 와이어 네트를 이용해 DIY 할 수도 있다. 활발한 반려견은 점프를 하거나 올라가서 가뿐히 넘기 때문에 성견이 일어섰을 때의 1.5배 높이를 기준으로 한다. 칸막이 살이 가로 타입이면 발판으로 삼기 때문에 세로로 된 제품을 선택한다.

중·대형견은 힘을 주어 열 수도 있으므로 잠금장치를 다는 등 추가 대책도 필요하다.

이 같은 물리적 대책 외에 들어가서는 안 되는 장소를 반려견에게 이해시키는 훈련도 필요하다. 예를 들면 작은 높낮이 차이라도 '여기부터는 별도의 장소'라는 인식을 갖게 한다. 앞으로 이곳에 들어가면 안 된다는 내용을 지속적으로 알려주면 기억한다.

장난하다 발각되었을 때의 표정. 화도 그만 눈 녹듯 사라진다.
휴~. 어서 치워야지.

사소한 방심에 터지는 큰 사고

위험물 섭취에 주의!

식품이 아닌 것을 잘못 삼키는 오연의 위험한 상황도 있다. 강아지 때는 아무래도 무엇이든 입에 넣는 습성이 있으므로 세심하게 살핀다. 노는 과정에서 볼을 삼키는 사고도 의외로 흔하게 발생한다. 소화하기 힘든 것을 삼키면 장폐색의 우려가 있으며, 내시경 적출을 하든지 아니면 개복 수술을 하는 수밖에 없다.

식품 냄새가 나는 비닐 랩이나 봉지, 과자 상자, 꼬치나 아이스크림 막대, 단추 타입 건전지, 사람의 냄새가 밴 액세서리 등도 잘못 삼키는 빈도가 높은 물건이다. 소화가 어려울 뿐 아니라 내장에 상처를 낼 수 있으므로 주의해야 한다.

이런, 생배추를 먹었군요.
먹어도 문제가 없는 채소라 다행이지만,
몰래 먹는 행동은 위험합니다.

그 외 실내의 위험물

관엽식물

관엽식물 중에는 개에게 독이 되는 종류가 있다. 포토스, 포인세티아, 알로에, 모든 백합과 식물 등이 대표적이다. 식물을 집 안에 둘 경우는 반려견과 잘 맞는지 살펴보자.

의약품

살충제나 쥐약, 농약, 각종 방충제 등의 약품은 물론이고, 세제, 표백제, 등유 등의 생활용품도 주의가 필요하다. 많은 살충제에 사용되는 피레트로이드 성분은 사람, 개에게 영향이 크지 않다고 하나, 디트라는 성분은 사람에게 사용을 제한하는 국가도 있고 개에게도 안전하지 않다. 사람을 위한 의약품 대부분도 개에게는 위험하다.

아로마 오일

정유 향과 성분이 심신에 작용하는 아로마테라피. 스트레스 케어의 일환으로 방향요법을 반려견에게도 실천하는 사람이 적지 않다. 그런데 사실 주의가 필요하다. 100% 자연산 정유라 안전하다는 생각은 오해. 정유 중에는 장기간 향을 들이켜면 만성 중독을 일으킬 수 있다고 보고된 종류도 있다. 사용할 때는 반드시 미리 전문가와 상의하자.

입질 대책

가구를 물거나, 책을 갈기갈기 찢는 등 개의 무는 행동에는 나름의 이유가 있다. 유견기에는 이갈이를 하면서 치경이 근질근질해서 씹기 좋은 것을 찾아서 갉아댄다. 이 시기를 지나면 치경이 근질근질한 느낌은 사라진다. 그보다는 운동 부족이나 지루함, 불만 등이 있어서 스트레스를 발산하지 못해 물건을 물어대거나 파괴한다. 즉 보호자에게 자기를 봐달라고 어필하는 것이다. 또한 소음 등에 불안을 느껴 스트레스를 회피하기 위해 무는 경우도 있다.

아무리 달려들어도
맛있는 속을 먹기는
어려울 텐데.

나뭇가지라면 얼마든지
씹어도 좋아.

개는 어릴 때 형제들과 노는 과정에서 물고 장난하는 등의 교류를 하면서 어느 정도 힘을 주어 물면 아픈지 조절하는 방법을 배운다. 이것이 개의 사회화이다. 생후 바로 부모견, 형제견과 떨어지면 무는 것을 포함해 커뮤니케이션을 학습하지 못하고, 결과적으로 힘 조절을 배우지 못한 채 물어뜯는 본능만 남는 것이다.

일단 반려견이 물어서는 안 되는 물건은 닿지 않는 곳에 잘 관리한다. 가구 다리에는 커버를 씌우거나, 물 만한 물건이 많은 곳에는 가지 못하도록 하는 것이 우선이다. 물지 못하게 하거나 접근 방지를 위해 개가 싫어하는 쓴 맛의 스프레이 제품도 시판 중이다. 반대로 물어도 좋은 장난감 등을 적극적으로 활용한다.

반려견이 입질을 하면 단호하게 '안 돼'라고 의사를 전하고, 물어도 좋은 장난감과 교환한다.

다만 너무 큰 소리로 과민하게 반응하면 오히려 '보호자가 반응해주었다(기뻐한다)'고 오해하여 습관이 한층 심해질 수 있으므로 단호한 태도가 중요하다.

만약의 비상 상황에 대비하기

반려견을 위한 재난용품

일본은 환경청에서 발간한 '재해 시 반려동물의 구호 가이드라인'이나 도쿄 수의사회에서 발행한《반려동물 방재 BOOK》에서 '재난 시 반려동물과 동행 피난'을 추천하고 있다. '동행 피난'이란 반려동물과 함께 대피한다는 것이다(참고로 우리나라의 경우 행정안전부에서 공표한 재난 대비 국민 행동 요령에서는 봉사용 동물을 예외로 하고 "반려동물은 대피소에 들어갈 수 없다"고 하였다. —옮긴이)

이것과는 별도로 만일의 사태에 대비해 반려견을 위한 비상용 안전 가방을 준비해두는 것도 필요하다. 익숙한 물건이 있으면 위급한 상황에서 조금이나마 반려견을 안심시킬 수 있다.

구호 가방 준비물

- 반려견이 들어갈 수 있는 집(케넬)
- 몇 끼 분량의 사료
- 물은 마리당 0.5~1ℓ
- 플라스틱 접시
- 반려동물 패드 몇 장
- 구급 세트
- 이름표·연락처가 표기된 목줄(하니스)
- 예비용 목줄, 리드
- 미아견 방지 인식표, 반려견 사진

※스마트폰 등에 반려견의 동영상이 있으면 도움이 된다.

평소 대비해두어야 할 것

피난이 긴박한 상황에서는 반려견의 행동과 소리를 주의 깊게 알아채기가 힘들다. 정신없이 쫓겨 당연히 해야 할 것을 놓치게 된다.

이런 비상사태에 대비해 소·중형 강아지는 '케넬 트레이닝'을 완벽하게 숙달하는 것이 좋다. 보호자가 지시하면 하우스(케넬)에 스스로 들어가는 것이다. 평소 케넬을 편안한 잠자리로 여기면 유사시에도 스트레스가 줄어든다.

또한 잊어서 안 될 것이 백신 접종, 벼룩·진드기 제거제의 복용과 투여이다. 낯선 곳에서 생활하게 될 경우 면역력이 떨어져 컨디션이 무너지기 쉽다. 설상가상으로 질병이나 해충이 옮거나 옮기지 않기 위한 대비이다.

혼란스러운 상황에서 탈주 위험도 있다. 리드나 목줄은 파손되지 않은 것으로 올바르게 착용한다. 만약 벗겨졌을 때는 이름표나 마이크로칩이 도움이 된다.

긴급 상황에서 반려견을 포함해 가족의 신체를 보호하는 것은 매우 중요하다. 반려동물을 염두에 두고 상황을 미리 시뮬레이션해보면 큰 도움이 될 것이다.

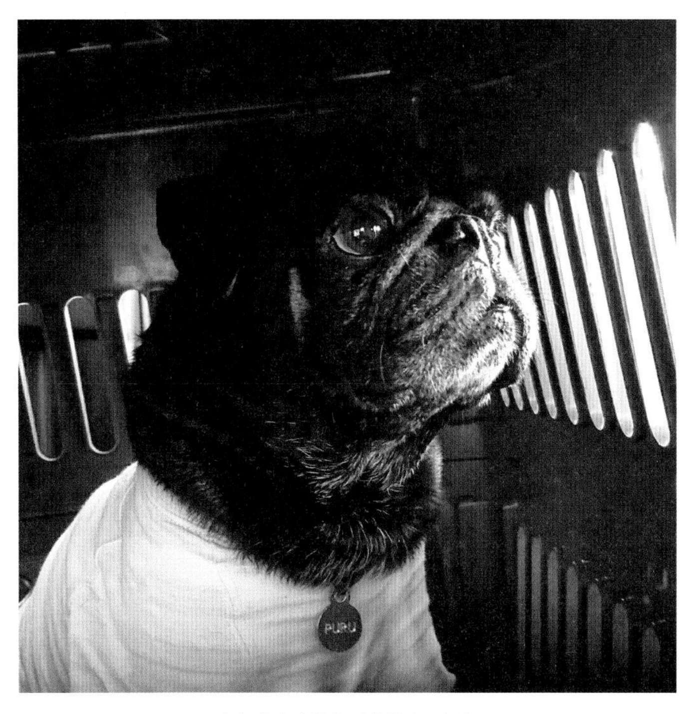

'만일'의 상황은 예측할 수 없다.
소중한 가족(사람과 반려견)을 위해 대비에 만전을 기하자.

대형견 피난

대형견은 소·중형견처럼 케넬로 옮기는 것이 힘들다. 리드를 연결해 걷는 것도 맨발이라 위험하다.

상황에 따라서 반려견은 집에서 대기하고 사람만 대피소에 있으면서 돌보기 위해 오가게 될 수 있다. 한시적으로 자동차의 뒤 공간을 넓혀서 케이지와 케넬로 거처를 만들고, 음식물과 물을 공급하면 차박 피난도 가능하다. 좁은 공간에서 지내는 차박 피난의 경우엔 사람과 개 모두 건강에 특별히 주의한다. 반려견의 크기와 관계없이 일시 위탁 서비스 이용도 검토할 수 있다.

피난 생활의 주의점

'동행 피난'은 반려동물과 함께 안전한 장소로 피난하기까지의 행위를 말한다. 대피소에서 반려동물을 사육할 수 있는 '동반 피난'과는 개념이 다르다. 동반 피난이 가능한 경우는 거의 희박하며, 가능하다고 해도 반려동물의 사육장이 별도의 장소에 마련되기 때문에 현실적으로 함께 지내기 어렵다. 그러므로 만일의 사태에 대비해 사전에 미리 세세한 준비와 대응을 해 두어야 안심할 수 있다.

또한 재난 상황에서는 개도 스트레스를 받아 건강을 해치기 쉽다. 건강 상태를 세심하게 점검한다.

생활편

PART 5

훈육과 훈련

훈육과 훈련의 목적은 반려견의 건강과 안전 그리고 모두가 행복하게 생활하기 위함이다.

훈육을 잘할 수 있을까?

사람과 반려견 모두에게 훈육은 매우 중대한 문제다. 훈육에 대해 알면 알수록 과연 잘할 수 있을지, 실패하면 문제견이 되는 것인지 걱정이 커진다. 훈육과 훈련은 개와 사람이 함께 안전하게 생활하기 위한 것, 즉 반려견의 행복이 목적이다. 최근에는 잘하면 칭찬하는 훈육이 주를 이룬다. 강압적으로 복종하게 만드는 과거의 패턴이 반려견을 위한 것이 아니라는 인식이 퍼지고 있다. 행동학에 기초해 반려견에게 한층 친화적으로 훈육이 이뤄지고 있다.

애니와 베일리는 시설견(Facility Dog)이다. 시설견이란 병원 등의 시설에 상근하며 활동하기 위해 전문적으로 육성된 개를 말한다. 이 개를 육성하기 위해 핸들러라 불리는 특별 훈련을 받은 간호 자격 전문가가 있으며, 함께 팀을 이뤄 활동한다. 베일리(사진 오른쪽)는 2010년부터 2018년까지 활동한 일본 최초의 시설견이다. 애니(사진 왼쪽)는 가나가와어린이병원에 상근하고 있다. 시설견은 가끔씩 방문해 짧은 시간 만남을 갖는 것이 아니라 매일 근무하며 투병 중인 환자와 교류하고, 검사나 수술실에 동행하기도 하며, 재활 지원 등 입원 치료를 받는 어린이를 위로해준다.

좋은 습관으로 오래 행복하게

쉽게 고치지 못하는 습관

개는 태생적으로 무리를 지어 행동하는 동물이다. 또한 동물적 본능으로 무리나 자신의 영역을 지키려고 한다. 그리고 여전히 수렵 본능이 남아 있어 움직이는 것을 쫓는다든지, 구멍을 파기도 한다.

이 같은 본능적인 행동에 대해서는 '안 돼'라는 호통이 듣지 않는다. 개의 생태에 대해 잘 이해하지 못한 채 무턱대고 행동을 제한한다든지, 혼을 내면 훈육이 제대로 이뤄지지 않는다.

이제 개와 사람이 한 가족을 이루었다. 가정을 구성하는 일원으로 개와 사람이 안전하게, 안심하고 동거하기 위해서는 규칙이 필요하다. 이 규칙을 잘 익히도록 하는 것이 훈육과 트레이닝이다.

개는 머리가 좋아서 칭찬하거나 상을 주면서 반복 학습하면 상당히 많은 것을 기억한다. 그리고 이 과정을 즐거워하기도 한다. 절대적으로 정해진 규칙은 없으므로 각 가정에 맞게 만들면 좋을 것이다.

훈육과 트레이닝의 방법은 이후에 별도로 자세히 설명한다. 우선 개에게는 본능적으로 버릴 수 없는 습성이 있다는 점을 잘 기억해두자.

존중하며 소통하기

'자기표현(Assertiveness)'이란 상대를 비난하거나 몰아세우지 않고 자신의 생각을 잘 전달한다는 의미의 용어다. 상대방을 존중하면서도 본인의 의견을 분명하게 전달하는 능력은 특히 사회생활에서 원활하게 소통하기 위한 기술로서 매우 중요하다. 본디 이는 사람과 사람의 커뮤니케이션 기술 개념이지만, 사람과 동물에도 적용할 수 있다.

반려견과의 관계도 감정을 헤아리고 이해하면서 접근하는 마음이 중요하다.

개는 말을 하지 못하지만 '자신에 대해 알아달라', '봐달라', '이해해달라'는 뜻을 몸짓이나 행동으로 사람에게 전달한다. 이것은 개에게 중요한 커뮤니케이션 방법이다. 개가 보내는 표현을 이해하여 반응하고(말을 건다), 개 역시 사람이 보내는 표현을 알아채고 반응한다면 신뢰할 수 있다.

반려견이 '자기표현'을 할 수 있도록 만드는 요령은 평소 자주 말을 걸고 소통을 시도하는 것이다.

전달하기~이해하기의 과정이 쌓일수록 표현력이 향상되고 마음도 쉽게 읽어낼 수 있다.

언제나 화목한 우리 가족

우리에게 반려견이 가족의 일원인 것처럼,
반려견도 우리를 가족으로 생각한다.

훈련으로 모두 함께 행복

보호 훈련(Husbandry Training)이라는 말을 들어본 분도 계실 것이다. '수동 동작 훈련'이라고도 하는데, 말 그대로 동물이 적극적으로 행동을 취할 수 있도록 만드는 훈련이다. 동물원이나 수족관에서는 특정 신호에 따라 청소 시간에 자연스럽게 자리를 이동하고, 채혈할 때 팔을 내미는 등의 훈련을 실행하는데 성공 사례도 많다. 스스로 행동을 취하므로 이런 행동을 할 때 동물은 고통을 느끼지 않는다. 원활한 돌봄과 치료가 가능한 것은 물론, 행동에 대한 스트레스를 느끼지 않으므로 매우 긍정적인 트레이닝 방법이라 할 수 있다.

가정 내 반려견에게도 역시 이 방법이 효과가 있으며, 모든 면에서 도움이 된다.

이를 위해서는 특정 행동을 하면 좋은 일이 일어난다는 것을 기억하게 한다. 즉 기분 좋은 보상이 주어지는 것이다. 간식이나 칭찬을 충분히 해주는 것은 물론이고, 함께 기뻐하는 것도 개에게 매우 훌륭한 보상이 된다.

이에 관련한 구체적인 내용은 다음 페이지에서 설명한다.

칭찬받으면 더 잘한다

훈련은 즐거운 마음으로

불과 수십 년 전만 해도 개는 집을 지키는 존재라는 인식이 강했다. 마당에서 키우는 것이 보통이었고 아예 풀어서 키우는 가정도 있었다. 그러나 고도성장 사회가 되면서 이제는 실내 사육이 주류가 되고, 품종에 대한 개념이나 훈육의 본질도 변화했다.

이제 개 행동학에서 '꾸중'은 부정적이고, '칭찬'은 긍정적이라는 인식이 명확해졌다. 개는 칭찬받는 것을 매우 좋아하고, 그 행동을 했을 때 좋은 일이 있다는 것이 뇌리에 새겨지면 자주 반복한다. 개에게 좋은 일이란 먹는 것이다. 그러나 보상으로만 관계가 지속된다면 보호자는 물론 개 입장에서도 씁쓸할 것이다.

오직 보상만이 목적?

조련에는 보상으로 행동을 유도하는 '조작적 조건화'가 있으며, 점차 사례 없이 신뢰 관계에 따라 행동하는 '고전적 조건화'로 간다. 애당초 개는 사례를 바라고 행동하는 것이 아니므로 이 과정의 이행이 빠르다.

예를 들어 '손 줘'라는 훈련은 보상을 받기 위해 보여주는 '조작적 조건화' 행동이다. 하지만 개는 사례만이 목적이 아니라, 보호자를 기쁘게 할 요량이기 때문에 이윽고 보상 없이도 '손 줘'를 한다. 이러한 강화된 행동으로의 발전은 '고전적 조건화'에 따른 것이며, 강한 신뢰가 쌓였음을 의미한다. 과거엔 주종 관계가 기본 인식이었으나, 지금은 반려견과의 신뢰 관계를 획득하기 위한 조련이 주를 이룬다. 혼내기보다 칭찬을 통해 기억하게 하는 훈련이 즐겁고 행복하다.

실패에 초조해하지 말자

조련이나 훈련은 사회화기인 14주까지 실시하는 것이 바람직하다. 어느 정도 성장한 보호견을 맞이하는 경우는 일반적인 조련 방법이 원활하지 않을 수 있다. 그런 상황에서도 시간을 갖고 반려견의 마음을 헤아려 하나씩 차례로 해결할 수 있다. 프로 조련사에게 조언을 구하는 것도 좋다.

개의 마음가짐과 훈육의 메커니즘

개의 행동 ①	벌어지는 일	개의 마음	개의 행동 ②	장래 행동
화장실에서 소변을 봤다	칭찬을 받았다	좋은 일이 있다! 〈긍정의 강화〉	①의 행동이 증가한다	화장실 습관을 익힌다
쓰레기통을 들쑤셨다	맛있었다			또 쓰레기통을 뒤진다
마루 발소리에 짖었다	발소리가 사라졌다	불쾌한 일이 사라졌다! 〈부정의 강화〉		발소리가 나면 짖는다
다른 개에게 달려들었다	개가 피했다			싫은 개에게 달려든다
탁자에 올라갔다	호통을 들었다	불쾌한 일이 일어났다 〈긍정의 약화〉	①의 행동이 감소한다	탁자에 올라가지 않는다
부름에 응해 달려갔다	손톱을 잘렸다			불러도 오지 않는다
보호자의 손을 물었다	놀이가 중단됐다	좋은 일이 사라졌다 〈부정의 약화〉		물지 않는다
밥 달라고 짖었다	외면당했다			재촉을 멈춘다

행동심리학 이론인 '조작적 조건화(Operant Conditioning)'는 보상이나 벌에 의해 자발적으로 행동한다는 개념이다. 개의 조련에 적용해보면 표에서 보는 흐름이 된다. 좋은 일(긍정)이 일어나거나 불쾌한 일(부정)이 줄면 그 행동을 강화(증가)하고, 불쾌한 일이 일어나거나 좋은 일이 중단되면 그 행동이 약화(감소)된다. 이를 잘 조합한다면 반려견에게 원하는 것, 금지하는 것을 기억하게 만들 수 있다.

눈을 맞추고 칭찬하는 것도 좋은 보상이다.

가능한 것이 많아질수록 행복하다

훈육과 트레이닝의 차이

훈육이란 지시 없이도 개 스스로 종속적인 행동을 취할 수 있도록 가르치는 것이다. 반면 훈련(트레이닝)이란 지시대로 행동하도록 가르치는 것이다. 일반적으로 훈육이 바탕이 되어야 트레이닝이 가능해진다고 한다.

특히 사람과 트러블 없이 살기 위한 규칙을 익히는 '훈육'은 반드시 필요하다. 예를 들면 사람 물지 않기, 함부로 짖지 않기, 달려들지 않기, 몸을 만져도 화내지 않기, 정해진 화장실에서 배변하기 등은 함께 건강하게 생활하기 위해 반려견이 반드시 익혀야 할 규칙이다.

'트레이닝'의 경우는 '집에 들어가', '기다려'나 '이리 와' 등의 명령어와 지시에 따라 순순히 행동하도록 하는 것이 목표다.

다만 최소한의 것은 해야 하지만, 의미 없이 긴 시간 '기다려'를 요구한다든지, '공 가져오기'와 같이 안전에 꼭 필요한 내용이 아닌 트레이닝은 어느 정도 유연한 마음으로 임하는 것이 중요하다.

한편 서로 눈을 맞추는 '아이 콘택트'는 감정을 주고받는 차원에서도 대단히 바람직하다.

금세 익히는 것도 있지만, 끈기가 필요하고 때로 벽에 부딪히는 일도 다반사다.

초조해하지 말고 조금씩 성장하는 것으로도 충분하다.

서로의 마음을 전하는 '눈 맞춤'

반려견이 보호자에게 주목할 수 있도록 하는 훈육의 기본 행동이다. 이름을 불렀을 때 돌아보면 상을 주고, 시선을 맞추면 또 상을 준다. 눈 맞춤이 가능해지면 무언가 중지시키거나 안정시킬 때 도움이 된다. 그뿐 아니라 개가 사람의 미소를 인식해, 웃는 얼굴로 눈을 마주치면 행복을 느끼게 된다.

반려견에게 가르쳐야 할 것

배설은 화장실에서

초기에는 화장실을 울타리로 둘러 타이밍에 맞춰 들어가게 하고 배설을 기다린다. 성공하면 칭찬하고 간식. 이것을 반복하면 점차 몸에 익히게 된다. 식후나 놀이 뒤에 배설하는 경우가 많으므로 타이밍을 놓치지 말 것. 잘할 수 있게 되면 울타리를 치운다.

집에 들어가기

집을 안심할 수 있고 편안한 '나만의 공간'으로 인식하도록 한다. '집'이라는 말을 하면서 유도한다. 처음에는 간식을 활용해도 좋다. 무리하게 몰아넣거나, 벌을 주면서 가두는 것은 좋지 않다. 좋은 곳이라는 인식이 생기면 말하지 않아도 졸음이 올 때나 안정을 취하고 싶을 때 스스로 들어가게 된다.

기다려

흥분을 가라앉히거나 위험 상황을 피하기 위해서도 반드시 익혀야 할 훈련이 '기다려'이다. 앉은 상태에서 '기다려'라는 말을 한 뒤 처음에는 1~2초라도 기다리면 '좋아'라는 말로 바로 풀어주고 칭찬과 보상을 한다. 10초 정도 기다리기가 가능하도록 조금씩 시간을 늘려간다.

이리 와

이것 역시 위험을 피하기 위해 필요한 명령이다. 흥미로운 것이 눈앞에 있어도 목소리에 반응해 돌아오게 만드는 것이 이상적인 목표다. 우선 '기다려'의 상태일 때 가까운 위치에서 '이리 와' 하고 지시한다. 오면 간식을 반복해서 주고, 서서히 거리를 늘려 완전히 익히도록 한다.

안 고쳐지면 포기해도 괜찮을까?

누구나 서툰 부분이 있다

사람과 마찬가지로 개도 개성이 있다. 성격이 똑같지 않고, 능력도 제각각이다. 잘하는 것과 못하는 것을 찾아내고, 특징을 살려주면 개도 구김 없이 편안해진다. 경찰견, 안내견을 육성기에 선별하는 데는 개성을 조기에 판별하기 위한 이유도 있다.

그러므로 우리 반려견 역시 서툴고 뒤처지는 부분이 있음을 인정해야 한다. 울타리 안에 들어가기, 몸을 만지도록 허락하기, 옷 입기, 이빨 닦기, 브러싱, 목욕…, 이런 것을 무리하게 가르치면 오히려 역효과가 날 수 있다. 강요하면 한층 싫어하게 되고, 심하면 신뢰 관계가 무너지기도 한다. 서툰 부분은 인정하면서, 가능한 능력은 크게 키워주도록 하자. 아무리 노력해도 브러싱이나 목욕을 싫어한다면 프로에게 맡긴다든지, 옷은 입히지 않는 식으로 깔끔하게 결론을 낼 필요도 있다.

만약 브러싱은 싫어하지만 쓰다듬어주는 것은 좋아한다면 쓰다듬는 감촉의 브러시로 바꿔보는 등 싫어하는 것과 좋아하는 것을 섞어보는 것도 방법이다. 이 같은 사소한 시도와 노력 덕분에 개와 사람 모두 쾌적한 동거생활의 길이 열린다.

서서히 익숙해지게!

큰 소음을 내면서 움직이는 물체, 특히 청소기를 싫어하는 반려견이 많다.
가까이 있어도 무섭지 않다는 것을 간식을 이용해 알려준다.

산책을 싫어한다든지, 낯가림이 심한 타입도 있다.
건강 차원에서 산책만큼은 즐길 수 있게 인식을 바꿔주는 것이 좋다.

안전에 문제가 없을까?

다만 숙달하지 않으면 불편한 케이스도 있다. 예를 들면 청소기를 싫어해서 청소할 때마다 큰 소리로 짖거나 오들오들 떠는 사례가 있다. 우리는 상관없다 해도 청소할 때마다 반려견이 스트레스를 받는다면 안타깝고 당황스럽다. 또한 낯선 사람이 눈에 띌 때마다 짖어대는 행동도 시끄러울 뿐 아니라 개가 스트레스를 받는다.

이 같은 문제성 행동은 반려견의 심리적 긴장을 가볍게 줄이기 위해서도 극복하는 것이 좋다. 청소나 손님 방문 등 일상에서 지속되는 패턴에는 내성을 키워줄 필요가 있다.

문제는 극복할 수 있다

이러한 문제도 보상을 이용해 익숙하게 만들어 대부분은 극복할 수 있다. 훈육의 레벨은 각 가정마다 규칙을 정하자. 기본적으로 반려견의 행복에 장애가 되는 습관, 타인에게 폐를 끼치는 행동은 개선하는 것이 좋다.

왜 이런 행동을 할까, 반려견 입장에서 생각해보면 실마리가 보일 것이다. 청소기를 보고 짖는다→무섭기 때문→무섭지 않다는 것을 알려준다→인식 전환을 위해 청소기가 나오면 좋은 일이 생긴다(간식 등)는 체험을 하게 한다. 이것이 어려움을 극복하는 기본적인 흐름이다.

개는 인류의 오래된 소울메이트

개는 우호적인 동물

개는 1만 년 전부터 사람과 생활해 왔으며, 동거 생활에 매우 친화적이다. 선조인 늑대의 습성으로 미루어 개를 무리 지어 생활하는 종으로 생각하기 쉬우나 오늘날 대부분의 개는 사람과 일대일로 교류한다. 이는 아이와 엄마의 모자 관계와 비슷하다.

물론 사람을 싫어하는 듯한 성격의 개가 없지 않으나, 대개는 나름의 이유가 있다. 무서운 기억이나, 버려지거나, 학대를 당한 경험 등으로 사람에게 공포를 느끼고 신뢰를 잃어버린 것이다. 이런 성향이라도 다시 애정을 받으면 사람 곁으로 다가온다. 사람과 개는 신뢰 관계를 쌓을 수 있다.

동물 학대는 모두가 감시

동물 학대에 관해서는 방관자가 되어서는 안 된다. 동물 학대는 행동 장애의 일종으로, 의도적인 학대만이 아니라 과도하게 밀집해서 사육이 붕괴되는 등 적절하게 케어를 하지 못하는 케이스도 포함된다. 학대가 있으면 관련 기관에 신고해서 차후 문제가 확산되는 것을 미연에 방지하는 것이 중요하다.
우리나라는 2021년부터 경찰청 범죄 신고 전화 112로 동물 학대 신고가 가능해졌다.

또한 개는 다른 종류의 개, 나아가 다른 동물과도 화합한다. 주거 환경이나 경제력 등 사정이 허락한다면 여러 마리를 함께 키우는 것도 특별한 행복이다. 사람은 개들이 즐겁게 노는 모습에서 큰 위안을 받고, 개들은 친구와 놀 수 있어서 스트레스가 해소된다. 다만 보호자를 서로 쟁탈하려 한다든지, 영역을 다투거나, 질투와 싸움이 발생하는 등의 문제도 있다.

도그 파크 첫 나들이

'도그 파크'는 보호자의 관리하에 리드 없이 놀 수 있도록 만든 전용 공간이다. 공원 한쪽이나 별도로 시설을 만들기도 한다. 산책에서는 느끼기 힘든 개방감을 만끽할 수 있어서 개에게 매우 자극적인 장소이다. 보호자의 입장에서도 개가 신나게 뛰어노는 모습을 볼 수 있어서 즐겁다. 다른 개나 반려인들과 친교를 넓힐 수 있는 점도 큰 장점이다. 물론 낯가림이 심하다면 무리해서까지 친구를 만들 필요는 없다. 잘 뛰어노는 것만으로도 충분히 만족스럽다. 개들의 사교장이기도 한 도그 파크를 즐기기 위해서는 우선 시설 이용 규칙을 잘 지키도록 하자.

① 반려견에게서 눈을 떼지 않는다.

탈주하거나 사람·개에 대한 공격 등은 절대 피해야 한다. 상처가 나는 것은 물론, 다른 개에게 상처를 내는 불상사도 없도록 주의.

② 사회화가 어느 정도 진행되어 있을 것. 다른 개를 대하는 방법을 익히지 않은 상태라면 위험하다.

③ 기생충이나 감염증을 퍼트리지 않는다. 백신 접종이나 벼룩·진드기 퇴치는 미리 해두어야 한다.

④ '기다려'나 흥분을 진정시키는 '앉아', '엎드려'의 훈련을 익혀둔다.

⑤ 배설을 해결한 뒤 입장한다.

⑥ 배설물을 처리할 물과 담아갈 봉지, 리드와 목줄 또는 하니스, 예방접종 증명서를 준비해둔다.

⑦ 생리 중인 암컷이라면 입장을 자제한다. 다른 수컷을 흥분시킬 수 있다.

⑧ 가급적 음식물은 소지하지 않는다. 다른 개에게 함부로 간식을 주지 않는 것은 물론, 자신의 반려견에게 줄 때도 주위에 문제가 될 수 있으므로 주의한다.

⑨ 문을 열고 닫을 때는 안에 있는 개들의 움직임에 주의한다.

⑩ 다툼의 소지가 있는 개가 없는지 확인한 뒤에 줄을 풀어준다.

⑪ 강요하지 않는다. 다른 개나 넓은 장소를 무서워하는 기색을 보이면 무리하지 않는 범위에서 놀게 한다.

신나게 노는 녀석들. 보는 사람까지 함께 행복해진다. 개는 매우 친화적인 동물이라 고양이나 작은 새와도 친하게 교류한다.

언제 어디든 함께하는 우리!

높은 곳도 무섭지 않지!

물 위에 떠 있는 느낌이 최고.

여기가 세상에서 제일 좋은 안식처.

I want to be with you.

어디로 데려가려나?

드디어 정상까지 왔습니다!

온통 새하얗고 차가운 세상, 신난다.

꼭 같이 갈 거야.

이건 식은 죽 먹기라고.

멋진 카페도 함께 가는 사이.

왕왕 선생의 심리 솔루션 3

사연 읽기! 뜻밖의 솔직한 고백

Case 1

"아무리 조심해도 먹을 때 지저분해집니다. 집사가 문제 행동이라고 하던데 이대로 괜찮을까요?"

특정 종의 경우는 얼굴 구조상 음식을 다소 흘리는 것이 큰 문제는 아니랍니다.
다만 너무 배고플 때까지 기다렸다가 식사를 다급하게 하는 식습관이 있다면 좋지 않아요.
이 과정에서 주변이 지저분하게 되는 것이지요.
식습관 점검부터 해보시길.

깨끗이 먹어야지
와구와구 와구와구
이런 밥그릇 보는 순간
또 깜박했네

Case 2

"사료를 받으면 구멍을 파서 묻곤 합니다. 요즘엔 묻은 장소를 곧잘 잊어버립니다. 어떻게 하면 잘 기억할 수 있을까요?"

구멍을 파는 행동은 매우 중요한 습성입니다.
그래서 흙 속에 숨기거나 때로는 침대 아래 감추기도 하지요. 일차적으로는 보관 목적이지만, 시간 때우기 놀이의 의미도 있습니다.
얼마 후 다시 식사가 나오니
꼭 찾을 필요도 없지요. 뭐, 시간이 지나면
누구든 잊어버리기 마련입니다.

당신은 먹이를
가지에
꽂아두는
때까치
스타일

Case 3

"저희 집에는 개가 3마리 살고 있습니다. 저 외에는 모두 수컷입니다. 수컷들은 나서길 좋아해서 밥 먹을 때나, 집사에게 인사할 때 저는 항상 뒤로 밀쳐집니다. 어떻게 하면 제가 맨 앞에 나설 수 있을까요?"

무조건 첫 번째가 좋은 것은 아닙니다.
그리고 영원히 우두머리일 수도 없지요.
중요한 것은 무리하지 말고
즐겁게 사는 것입니다.
그러는 사이에 언젠가 순서가 돌아온답니다.

세상 영원한 것 없네
특히 밥과 권력 순위

Case 4

"우리 집의 집사는 저와 눈이 마주치면 '생각이 눈에 다 보인다', '훤히 알겠다'고 말합니다. 정말로 내 마음을 읽고 하는 말일까요? 사람들의 착각이라는 생각이 듭니다."

그렇게 쉽게 상대의 마음을
읽을 수는 없지요.
비언어적 감정이라면
우리 개들이 훨씬 뛰어나거든요.

사람들이 '꿰뚫어 본다'고
말하기 훨씬 전에
이미 우리들은 '훤히'
간파하고 있다네

PART 6

외모 관리

건강 적신호는 털이나 피부,
눈빛에도 나타난다.
아름다운 외모는
건강하다는 증거라고 할 수 있다.

건강한 개는 아름답다

실내에서 생활하는 등 여러 환경 개선으로 깔끔하고 멋진 외모를 뽐내는 반려견이 늘고 있다. 외모에 신경 쓰는 것은 반려견을 '예쁘게' 가꾸고 싶은 사람들의 뜻도 있지만, 건강을 확인하는 차원에서도 매우 중요하다. 털이 푸석거리거나 기름지면 영양 균형이 맞지 않거나 피부에 문제가 있을 수 있다. 손톱이 너무 길거나 양치를 제대로 하지 않아도 부상과 질병으로 이어진다.

미용 관리를 하며 매일 반려견의 몸을 만지다 보면 조기에 질병을 발견할 수 있다. 나아가 행복 호르몬이 분비되어 개와 사람 모두 건강이 증진된다.

찰랑찰랑 윤기 나는 털은 건강의 증거

아름다운 털 케어

윤기 나는 아름다운 털은 사랑스러운 반려견의 상징이자 건강하다는 징표. 이를 위해서는 식사와 함께 일상적으로 가지런하게 결을 손질하는 습관이 중요하다. 식사는 고품질의 동물성 단백질과 양질의 지방(필수지방산)이 함유된 사료가 좋다. 특히 필수지방산인 오메가3와 오메가6가 함유된 것을 추천한다. 유산균도 장내 환경 개선에 효과적이다.

브러싱의 효과

브러싱은 혈행을 개선하고 털을 깔끔하게 정돈할 뿐 아니라 심리적으로도 안정시켜준다. 피부나 털 관리를 하면서 반려견과 소통하고 전신의 건강 상태도 파악한다.

특히 장모 견종은 털이 잘 뭉치기 때문에 일상적인 브러싱이 필수.

슬리커 브러시 : 핀이 촘촘하고 끝이 구부러진 브러시. 뭉친 털을 풀어주고 죽은 털 제거에 유용하다. 이중모 견종에 적합하다.

핀 브러시 : 핀 끝이 둥글고, 사람이 사용하는 제품과 유사하다. 피부에 자극이 적고 결을 정리하는 데도 효과적.

동물 털 브러시 : 돼지나 멧돼지 털을 사용한 브러시. 털 표면이 정돈되고 윤기가 난다. 단모종에 적합.

고무 브러시 : 고무 소재. 피부에 상처를 내지 않아 안심하고 사용할 수 있다. 빠진 털을 제거하는 데도 효과적이다.

일자 빗, 콤 : 엉킴이나 뭉치 털을 펴주고 섬세한 부분을 정돈한다.

브러싱은 서 있는 상태라면 10분, 누운 상태라면 20분 정도가 기준.

아름다운 털 관리에 좋은 습관

식사	사료	·양질의 동물성 단백질 ·양질의 지방(필수지방산)을 공급한다
	영양제	·오메가3나 오메가6 등의 필수지방산 ·유산균 등으로 장내 환경 개선
털 손질	샴푸	·정기적으로 월 1~2회가 이상적 ·잔여물을 완전히 씻어내고 저온에서 건조
	브러싱	·반려견의 체모에 맞는 브러시 사용 ·마사지하는 느낌으로 부드럽게

멋진 털 관리를 위한 샴푸 테크닉

외부의 먼지와 때가 몸에 그대로 붙어 있으면 비위생적이고, 과도한 피지와 오래된 각질은 가려움증과 피부염을 유발한다.

반려견도 목욕이 필요하나, 다만 과도하면 피부와 털의 피지가 부족할 수 있으므로 주의한다. 개의 체모는 36일째 악취가 가장 심해진다는 보고가 있다. 피부 치료를 하는 경우를 제외하고 목욕 횟수는 월 1회 정도가 적당하다고 한다.

애견 샴푸에는 장모용, 벼룩이나 진드기 퇴치용, 약용, 오가닉 등 종류가 다양하므로 목적에 맞는 타입을 선택한다. 사람용 샴푸를 함께 사용하는 것은 금물.

① 샴푸 전에 브러싱을 해주어 먼지나 흙 등 털 표면의 오염물을 제거하고, 엉킴을 풀어준다.

② 샤워할 때는 미지근하게 온도를 맞춘다. 허리→엉덩이→등→가슴→목→머리→얼굴 순서로 적셔주고 때를 불린다. 무서워하는 듯하면 물소리를 줄여본다.

③ 제품 사용법에 따라 적당량 희석해 거품을 내고 ②와 같은 순서로 부드럽게 닦아준다. 발가락 사이 때도 잊지 말 것. 머리와 얼굴은 손바닥에 거품을 내 쓰다듬듯 닦는다.

④ 전신을 다 닦으면 얼굴→머리→목→등→가슴→앞다리→배→엉덩이→뒷다리 순서로 몸의 높은 부분부터 샴푸 거품을 꼼꼼히 씻어낸다. 머리와 얼굴은 따뜻한 물을 묻힌 스펀지를 사용하는 것도 방법이다.

⑤ 타월로 몸을 감싸 물기를 충분히 닦아낸다. 욕실 안에서 반려견이 탈탈 흔들어 물기를 털어내는 것도 좋다.

⑥ 드라이어로 몸을 말린다. 몸에서 가급적 멀리 떨어뜨려 냉풍으로 한다.

목욕을 싫어하는 개가 많으므로 강아지 때부터 익숙해지게 만드는 것이 요령이다.

격하게 거부하는 경우는 평소 미지근한 스팀 타월로 닦아주고, 본격적인 목욕은 프로에게 맡기는 방법도 고려해보자. 또한 몸 컨디션이 좋지 않을 때는 목욕을 삼간다.

목욕을 좋아하나요? 혹시 예뻐지기 위해 참는 중? 너무 자주 하는 것도 피부 건조증의 원인이라니 월 1회 정도가 적당하답니다.

항상 청결을 유지하고 싶다면

관리받는 습관 만들기

정기적으로 하는 관리로는 브러싱, 이 닦기(P.137), 발톱 깎기, 귀 청소 등이 있다. 장모종이나 털이 잘 자라는 싱글 코트 견종은 트리밍도 필요하다. 또 산책 후 발 닦기, 식후 입 주변 깨끗하게 하기 등 일상적인 손질도 있다.

이 같은 관리를 원활하게 하기 위해서는 어릴 때부터 익숙하게 느끼도록 해야 한다. 또한 이 시기부터 몸을 만져도 거부하지 않도록 스킨십을 적극적으로 한다.

관리를 잘하기 위해서는 '이것을 하면 좋은 일이 일어난다', '나쁜 일이 아니다'라는 인식을 갖게 만드는 것이 중요하다.

유견기는 다양한 것을 익히고 흡수하는 시기이므로 첫 체험에서 좋은 일(보상이나 칭찬)이 뒤따르면 의외로 쉽게 받아들인다.

예컨대 브러싱을 위해서는 우선 빗과 친숙하게 만든다. 낯선 도구에 경계심이 생기지 않도록 빗을 몸 가까이 두게 하면 보상, 다음에 경계가 풀려서 몸에 빗을 댈 수 있게 하면 보상, 털을 조금이라도 빗을 수 있게 허락하면 또 보상….

이 같은 식으로 시간을 두며 조금씩 단계를 높여간다. 이때 '예쁘네~', '멋쟁이~' 등 긍정적인 말을 해주면 '브러싱=기쁜 일'로 연결 지어 생각하므로 말을 걸어주는 것도 중요하다.

처음부터 순하게 받아주는 아이도 있지만, 하루 이틀에 익숙해지는 일이 아니라는 생각으로 느긋하게 시도한다. 이 외의 관리도 같은 방법으로 조금씩 익히도록 한다.

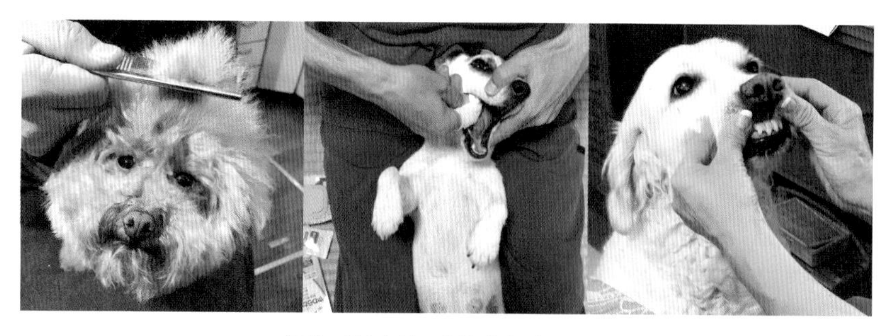

괴로운 기억이 있으면 완강히 거부하기도.

집에서 할 수 있는 미용 관리

전문가에게 맡겨도 좋지만 요령만 익히면 집에서도 가능하다.
단, 절대 무리하지 말 것.
소통을 시도하면서 부드럽게, 자연스럽게 실시한다.

발톱 깎기

발톱 안에 혈관이 있으므로 바로 그 앞을 자른다. 발톱이 검으면 혈관이 보이지 않아 출혈을 일으킬 수 있으므로 조금씩 자를 것. 발을 잘 잡고 그림처럼 3번에 나누어 자르는 것이 요령이다. 발톱이 너무 길면 혈관도 함께 자라 깎기 힘들다.

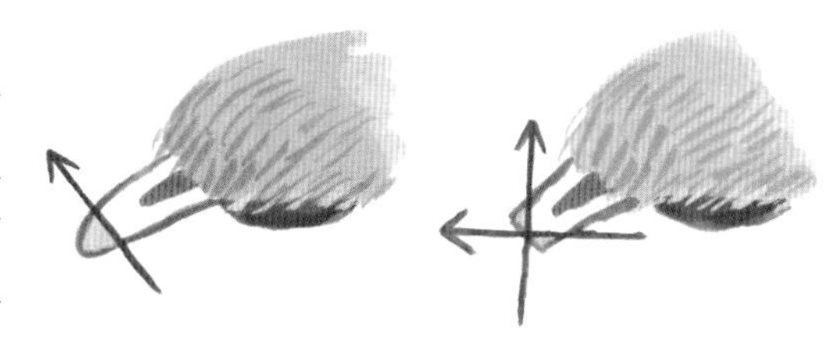

눈곱 떼기

눈곱이 심할 때는 솜에 물을 적셔 눈머리에서 눈꼬리 쪽으로 털 흐름에 따라 부드럽게 닦아준다. 말라서 딱딱해져 있다면 잠시 눈에 올려놓고 불려주면 쉽다.

귀 청소

때때로 살펴보고 특별히 문제가 없다면 거의 필요 없다. 표면의 때는 솜 등으로 부드럽게 닦아준다. 면봉을 사용하면 이도선에 상처를 낼 수 있으니 능숙하지 않으면 삼간다.

발바닥 털 정리

발바닥 털이 너무 길면 마루 등에서 미끄러질 수 있어 위험하다. 다리를 단단히 잡고 그림의 표시된 부분에서 삐져나온 털을 육구가 보일 정도까지 잘라준다.

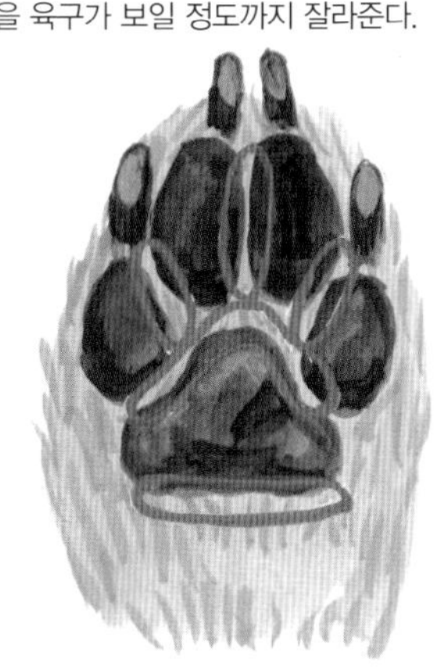

목욕 좋아? 싫어?

이래 봬도 목욕 좋아한다고.

배에도 브러싱 좀 부탁해.

거기 거기, 등이 시원하구먼.

Do you like bathing?

집사야, 빨리 좀 끝내주게.

뭐? 이게 다 내 거라고?

따뜻해~. 함께 할래요?

어깨까지 푹 담그고 하나, 두울, 세엣….

커~~~엉, 천국이구나 천국.

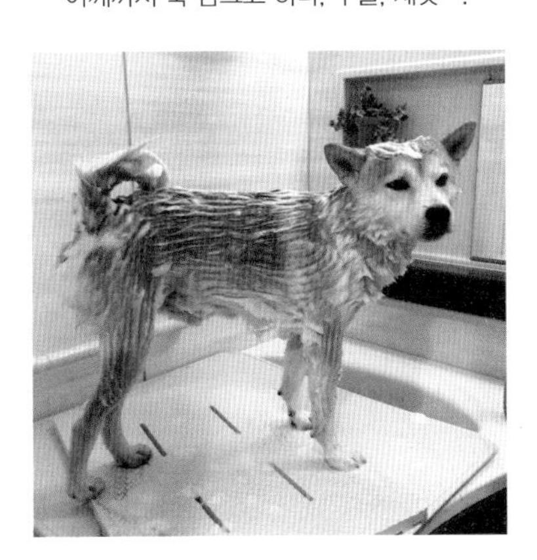

왜 웃는 거지?

세상 제일 행복한 힐링 마사지

쓰다듬으며 전신 마사지

개는 사람들이 응석을 받아주면서 몸 이곳저곳 마사지를 해주면 좋아한다. 이는 사람도 마찬가지. 반려견이 신나게 재롱을 부리고 즐거워하는 모습을 보면 행복하다. 개들이 만져주면 좋아하는 부위는 발이 닿지 않는 턱 아래, 귀 뒤와 미간 그리고 꼬리 연결 부위에서 허리, 배 쪽이다. 이곳을 쓰다듬어주면 긴장이 풀린다. 특히 위를 보고 누워 배를 보이는 것은 적극적으로 어리광을 부리는 신호이다.

만져주는 요령은 개가 안심할 수 있도록 손바닥으로 어깨나 등부터 시도한다. 꼬리 끝은 싫어하므로 조심. 이때 보호자는 여유를 가지고 상대한다. 마음이 불안하면 개도 이를 감지하고 싫어한다. 마사지는 자연 치유력을 높이는 효과도 있으므로 건강 증진에 매우 효과적이다.

림프의 흐름과 지압점을
알면 마사지 효과가 높다.

육구 마사지

개의 발바닥은 매일 혹사당한다. 육구는 부드러워서 자극에 민감하고, 땀이 나는 부위라 때가 잘 타고 짓무를 수 있다.

앞발 육구에는 심장, 대장, 소장 등 내장 기능을 좋게 하는 지압점이 있고, 뒷발 육구에는 위, 간장, 담낭, 생식기, 방광에 효과적인 지압점이 있다. 또한 발목 부근에도 많은 지압점이 있으므로 그 주변 전체를 마사지해주면 좋다.

육구 마사지는 반려견이 안정하고 있을 때 하는 것이 좋다. 양손으로 발을 감싸듯 잡고 양 엄지로 육구를 부드럽게 눌러준다. 육구나 손가락을 가볍게 펴주는 느낌으로 문지르듯 눌러준다. 마지막에는 전용 크림을 발라주면 육구를 부드럽게 유지할 수 있다.

각 다리마다 3분 정도를 기준으로 하고, 싫어한다면 무리하지 않는다. 처음에는 가볍게 터치하는 정도에서 시작해 조금씩 익숙해지면 시간을 늘려간다.

어깨 결림을 풀어주는 개 마사지

개는 몸의 중심 60%가 앞쪽에 있고, 사람을 올려다 보는 시간도 많아
앞다리 죽지나 어깨, 목 주위가 의외로 많이 결린다.

① 견갑골을 만져준다

앞다리 죽지의 등 쪽과 어깨 부분이 견갑골이다. 그곳을 손바닥으로 감싸 앞에서 뒤로 원을 그리듯 피부를 움직여준다.

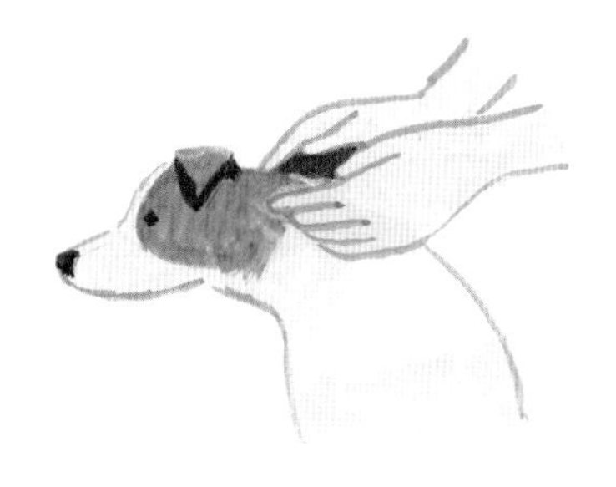

② 목덜미를 문지른다

엄지손가락을 뺀 4개의 손가락을 붙여 목덜미 마사지. 힘을 주지 말고 견갑골에서 귀 뒤까지 목덜미 피부를 풀어주는 느낌으로 10~20회 왕복한다.

③ 가슴을 문지른다

앞다리 죽지의 앞쪽, 어깨에서 견갑골을 향해 손가락 4개로 원을 그리듯 문질러준다. 마찬가지로 힘을 주지 말고 피부를 풀어주는 느낌으로 10~20회 왕복 실시한다.

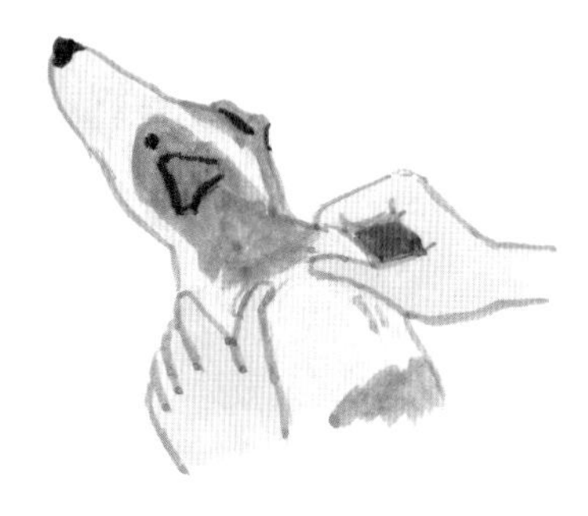

④ 어깨관절 주위를 풀어준다

어깨관절 주위 피부를 잡아 문질러가며 풀어준다. 가볍게 잡아당겼다가 떼는 동작을 목~어깨 주위 몇 개 부위로 나누어 실시한다. 총 10회 정도.

증상별 효과적인 지압

개도 경락과 경혈이 있으며, 경혈을 누르면
사람과 마찬가지로 유사한 효과가 있다고 한다.

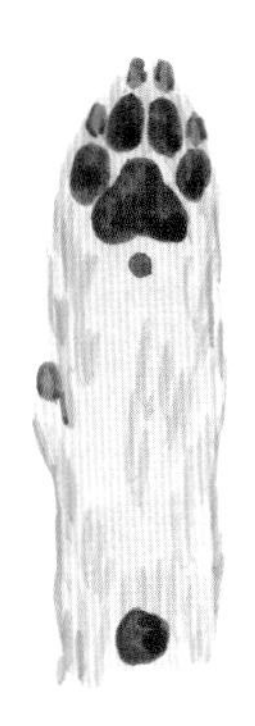

피로 해소 경혈① 노궁

앞발의 제일 큰 육구 위(발목 쪽)에 있는 경혈. 좌우에 있다. 심신의 긴장을 풀어주고, 스트레스를 완화하며, 순환기에 작용해 혈행을 개선한다. 전신을 도는 산소량을 증가시켜주는 효과도 있다.

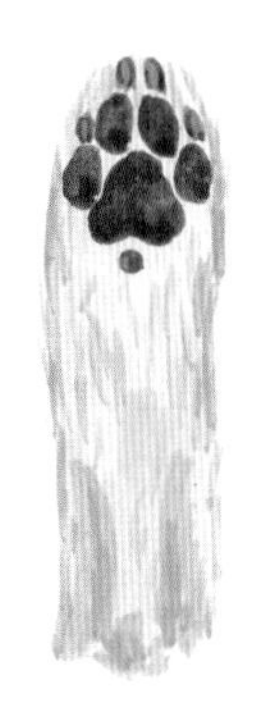

피로 해소 경혈② 용천

뒷발의 제일 큰 육구 위(뒤꿈치 쪽)에 위치. 좌우에 있다. 기력 회복에 효과적. 노궁과 용천을 누를 때는 엄지손가락을 대고 발끝을 향해 1, 2, 3을 세면서 힘을 주고 3초 유지. 1, 2, 3을 세면서 힘을 뺀다. 전후좌우 20~30회.

저항력을 높이는 경혈 명문

꼬리뼈에 가까운 늑골 등뼈에서 꼬리 쪽으로 3번째 등뼈의 돌기에 있는 경혈. 전신의 균형을 잡고 신체 저항력을 높여준다. 복통에도 효과적. 엄지나 검지로 1회 5~10초, 10~20회 누른다. 명문의 좌우에 있는 '신유'와 함께 따뜻한 타월 등을 대주는 것도 좋다.

경혈 누르기 요령

- 1, 2, 3을 세면서 천천히 힘을 주고 3~5초 유지. 1, 2, 3을 세면서 천천히 힘을 뺀다.
- 시술자의 손이 차가우면 따뜻하게 한 뒤에 실시한다.
- 대형견이나 근육이 많은 부위의 경혈은 엄지로, 소·중형견에게는 검지를 사용.
- 반응을 살피며 너무 힘이 들어가지 않도록 주의한다. 특히 소형견은 가볍게 누르는 정도로 충분하다.
- 개와 사람 모두 안정된 상태여야 한다.
- 몸 상태가 좋지 않을 때, 상처가 있을 때나 임신 중, 공복이나 식후도 피해서 실시한다.

Dog&Medical

건강 편

건강편

병을 조기에 발견하기 위한

7가지 습관

매일 함께 생활해도 소통이 없으면 반려견의 변화를 알아채기 힘들다.
소소한 변화를 조기에 발견하는 것이 건강을 지키는
가장 확실한 방법이다.

반려견의 이상을 알아볼 수 있는 이는 오직 가족인 당신뿐이다. 오래 건강을 유지하기 위해 질병의 조기 발견이 매우 중요하다.

→ P.138

개의 코는 수시로 축축했다 마른다. 눈곱이나 구취 등 코와 눈, 입을 살펴 반려견의 상태를 파악.

→ P.118

입

더 먹고 싶어 하는 것이 일반적

식욕은 건강의 증표. 잘 먹는데도 체중이 줄어들거나, 과식으로 인한 비만인지 변화를 알아채기 위해 매일 체중을 잰다.

→ P.126

눈

아이 콘택트로 변화를 알아챈다

개는 아이 콘택트가 가능한, 동물 중에서도 매우 드문 존재이다. 매일 수차례 눈을 맞추며 감정과 컨디션 변화를 살핀다.

→ P.154

종

종의 특성을 알아 예방의학

견종에 따라 위험하고 걸리기 쉬운 질병이 있다. 미리 알고 있으면 일상생활에서 주의할 수 있다.

→ P.121

변

대소변 검사는 매일 보호자의 일과

배설물에는 건강 상태가 고스란히 나타난다. 횟수가 너무 많거나 색이나 형태가 이상하면 질병의 신호일 수도 있다.

→ P.144

손

만져보며 상태 확인

스킨십은 개와 사람 모두 행복하게 한다. 또한 건강을 체크하는 데도 도움이 된다. 체형 변화와 체온, 종기 등을 확인한다.

→ P.124

PART 1 건강관리와 질병 예방

사랑하는 가족의 일원인 반려견이
오래오래 건강하게 곁에 있을 수 있도록
예방의학을 생활화한다.

연 1회 건강검진을 거르지 말 것

어릴 때는 병에 잘 걸리지 않기 때문에 건강검진이 필요할까 생각할 수 있다. 하지만 연 1회의 건강검진을 빼먹으면 반려견은 그 사이 인간의 10살가량의 나이를 먹게 된다. 이렇게 생각하면 연 1회의 건강검진이 얼마나 중요한지 실감할 것이다. 병에 걸렸어도 조기 발견·조기 치료가 이뤄진다면 건강한 일상생활로 돌아올 가능성이 높다. 반려견의 이력을 잘 아는, 강아지 때부터 단골로 다니는 병원이 있다면 안심이다.

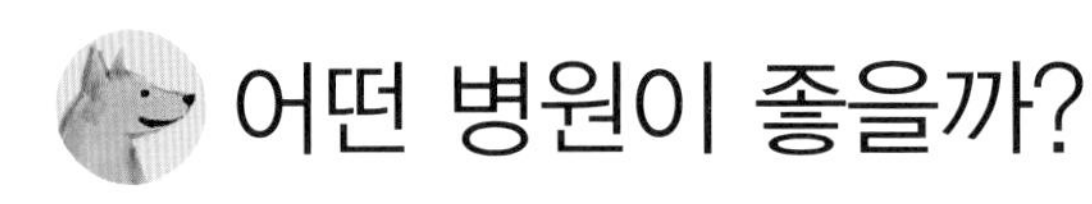

어떤 병원이 좋을까?

병원을 싫어하는 개도 많지만
정기검진은 선택 아닌 필수!

정기검진으로 예방의학

예방의학이란 병에 걸린 뒤 치료하는 것이 아니라 병에 잘 걸리지 않는 몸을 만들어 건강을 증진하고 유지하는 것이다. 최근에는 예방의학을 매우 중요시하는 추세이며 관심이 높아지고 있다. 예방의학에는 몇 가지 단계가 있다.

일차 예방은 건강할 때 생활 속에서 질병을 예방하고, 미병이나 무병 상태에 최대한 가까이 가는 것이다. 이것이 누구나 원하는 이상적인 예방법이다. 이를 위해 스트레스를 줄이고 편안하게 생활하는 것이 중요하다. 면역력과 신진대사가 촉진되고 균형 잡힌 몸을 만들 수 있다.

기본적으로 견종의 특징과 약점을 알아두는 것도 중요하다. 예를 들면 토이 푸들이나 몰티즈 등은 슬개골 탈구(P.121), 퍼그 등 단두종은 호흡기 질환(P.143), 치와와는 심장 질환(P.150)에 취약하다. 이와 같은 유전적 경향(P.121)을 알아두고 대비하는 것이 예방 차원에서 바람직하다.

이차 예방이란 검진으로 질병을 조기에 발견하고 치료함으로써 중증화를 미연에 방지하는 것으로, 심각한 중증화를 저지하는 의미에서 매우 중요하다. 혈액 검사 등으로 질병을 조기에 발견하면 원인을 파악해 대처할 수 있다.

삼차 예방이란 중증을 완치해 이전의 일상으로 돌아가 생활하는 상태로

건강검진 주요 항목

	약령기 3세 미만	성견기 3～6세	중년기 7～10세	고령기 11세 이상	초노령기
신체 검사	○	○	○	○	○
혈액 전 혈구 검사	○	○	○	○	○
혈액 생화학 검사	○	○	○	○	○
소변 검사	○	○	○	○	○
변 검사	○	○			
바이러스 항체·알레르기 검사	○				
엑스레이 검사(복부·흉부)	○	○	○	○	
엑스레이 검사(팔꿈치·무릎)				○	
초음파 검사(심장·복부)			○	○	
SDMA(신장 기능 마커)			○	○	
프럭토사민			○	○	
T4(갑상샘 호르몬)				○	

만드는 것이다. 입원하고 있었다면 퇴원이 가능해진다. 조기 발견으로 적절한 치료가 이뤄져 신체 기능의 장애 없이 일상으로 돌아갈 수 있다면 감사한 일이다. 지속적으로 정기검진을 통해 재발을 예방한다.

정기검진의 내용

연 1회 건강검진은 반려견의 건강 상태와 이후 생활에서 주의해야 할 내용을 파악하는 좋은 기회다. 검진에서는 체중, 체온, 심박수, 호흡수를 체크한다. 또한 털, 안구, 이도, 구강과 치아, 심잡음, 복부 촉진, 종양 유무 등을 확인한다. 이와 더불어 혈액 검사와 소변 검사, 필요한 경우 엑스레이와 초음파 검사를 더해 건강 상태를 파악한다.

혈액 검사

혈액 검사는 혈구 검사와 생화학 검사로 나뉘며 전자는 적혈구, 백혈구, 혈소판, 혈장을 측정한다. 후자는 혈액 내 단백질이나 당질 수치를 검사하고 내장의 소화기 기능을 조사한다. 이로써 영양 상태와 내장 기능 상태를 알 수 있다.

혈액 검사는 대형견은 7세부터, 중형견 이하는 8세가 되면 매년 1~2회 실시하도록 권고한다. 10세 이후엔 연 2회. 이로써 질병을 조기 발견할 가능성을 높인다.

그럼에도 놓치는 질병도 있다. 검사 시엔 검사 결과만이 아니라 개의 증상, 병태, 나아가 보호자의 상황 등까지 포함해 총체적으로 주치의에게 알린다. 사진이나 동영상이 있으면 보다 정확하게 전달할 수 있다.

혈액 검사 내용과 항목의 의미

개 혈액 검사는 크게 5가지로 나눈다.

❶혈구 검사 = 빈혈이나 탈수를 조사한다. WBC(백혈구) : 높으면 염증, 낮으면 면역력 저하. RBC(적혈구) : 높으면 탈수, 낮으면 빈혈. PLT(혈소판) : 낮으면 혈액이 잘 굳지 않는다.

❷생화학 검사 = 내장 기능을 조사한다. ALP, AST, ALT, 감마-GTP : 모두 수치가 높으면 간 기능에 문제가 있다. BUN, CREA : 높으면 신장 기능이 저하. 노령견은 주의. GLU(혈당 수치) : 높으면 당뇨병 가능성. 낮으면 저혈당으로 특히 어린 강아지는 주의. AMY, LIP : 높으면 췌장염 가능성. TG, CHOL : 높으면 고지혈증. 다이어트 필요. Ca, P : 대사 관련 항목.

❸CRP(염증 마커) = 종양, 감염성, 면역 개재성 등의 염증으로 상승.

❹항체 검사 = 강아지용 진단 검사로 항체 역가를 측정. 개 사상충증 진단 키트로 항원을 검출.

❺도말 검사 = 혈구를 현미경으로 확인.

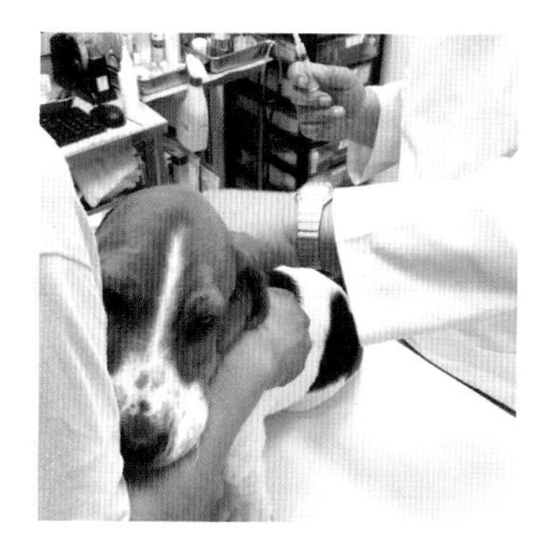

좋은 의사를 만나고 싶다

집 가까이에 신뢰할 수 있는
의사가 있다면 최고!

좋은 수의사는 어떻게 찾을까?

일반적으로 보호자 입장에서 주치의를 선택할 때 임상 경험이 풍부하고 실력이 뛰어난 분을 찾는다.

이뿐만이 아니다. 가까운 거리, 첨단의 다양한 장비, 기술과 지식, 의사와 스태프 간 원활한 소통, 보호자의 입장에서 생각해주는가도 중요한 고려 사항이다. 더불어 치료법을 선택할 수 있도록 충분한 설명을 해주고 동물의 감정을 잘 읽어내는 수의사인지도 체크하게 된다.

여기에 청결, 이차 진료 소개(다시 주치의로 복귀) 등에 더해 최근에는 응급 상황에서 치료 우선 분류(Triage)에 대한 판단을 잘해주는가 하는 부분에까지 관심을 기울인다.

문진 시 준비할 것

단골 수의사에게는 반려견의 품종과 나이는 물론, 체질과 몸 상태, 병력, 성격과 습관 등까지 세세히 알리는 것이 중요하다.

그런데 이것을 전달하는 당사자는 개가 아니라 보호자다. 상태가 안 좋다면 어떤 상황인지, 식욕이나 변 상태는 어떤지, 토사물이나 배설물이 있었다면 사진 또는 실물을 지참해 보여주는 것도 좋다.

또한 동작이 이상하거나 기침, 뇌전증 발작 등 진찰실에서 재현하기 어려운 문제는 동영상을 찍어두면 효과적이다. 단골 수의사와는 반려견에 대해 무엇이든 상담할 수 있는 관계를 만드는 것이 이상적이다.

점차 수요가 늘어나는 '이차 진료'

동물병원은 대부분 일차 진료(프라이머리 케어)를 하는 지역 밀착형 홈닥터다. 일반적으로는 이것으로 충분하지만 시대 변화로 한층 복잡한 의료 수요가 발생하고 있다. 일반 동물병원의 일차 진료를 뒷받침하는 전문 병원과, 이차 진료까지 포함한 네트워크가 강화되는 추세. 깊이 있는 의료 기술이 요구되면서 피부나 종양 등을 전문으로 다루는 진료가 증가하고 있다.

환자(개) 대신
보호자가 증상을
올바로 전달해야 합니다

백신이 필요할까?

감염 위험을 예방하기 위해 접종을 하는 것이 좋아요

백신이란 무엇?

모유를 먹고 자란 강아지는 어미에게 받은 이행 항체라고 하는 면역으로 감염증을 방어한다. 초유를 통해 받은 면역 물질 기능이 서서히 감소하는 생후 6~8주가 되면 백신 접종을 시작한다. 초유를 먹지 못하고 자란 강아지는 생후 6주부터 시작하는 것을 권장한다.

개에게 필요한 백신을 크게 나누면 모든 개가 맞아야 할 '필수 접종 백신'과 감염의 가능성, 사육 환경 등에 따라 선별해서 맞는 '선택 접종 백신' 2종류가 있다.

다만 백신 접종 일정이나 기준은 나라마다 조금씩 차이가 있다.

백신 접종은 언제 할까?

유기견을 입양해 백신 접종 여부를 확인할 수 없는 경우에는 항체 가검사를 실시해 항체 생성 여부를 먼저 확인해본다.

백신을 접종한 후에도 면역이 계속 유지되는 것이 아니므로 반드시 정기적으로 추가 접종을 해주어야 한다. 필수 접종 백신은 1년 후 추가 접종한 뒤엔 1~3년에 1회 접종할 것을 추천한다.

접종 당일에는 안정을 충분히 취한다. 0.01~0.03% 확률로 식욕 부진, 미열 등의 증상이나 과민성 반응인 아나필락시스 등의 부작용을 일으킬 수 있기 때문이다.

반려견 예방 접종

종류	접종	비고
혼합 예방주사 (DHPPL)	기초 접종 : 생후 6~8주에 1차 접종	Canine Distemper(홍역) Hepatitis(간염) Parvovirus(파르보바이러스) Parainfluenza(파라인플루엔자) Leptospira(렙토스피라) 혼합 주사
	추가 접종 : 1차 접종 후 2~4주 간격으로 2~4회	
	보강 접종 : 추가 접종 후 매년 1회	
개 코로나바이러스 감염증 (Coronavirus)	기초 접종 : 생후 6~8주에 1차 접종	
	추가 접종 : 1차 접종 후 2~4주 간격으로 1~2회	
	보강 접종 : 추가 접종 후 매년 1회 주사	
케넬코프 (Kennel Cough)	기초 접종 : 생후 6~8주에 1차 접종	
	추가 접종 : 1차 접종 후 2~4주 간격으로 1~2회	
	보강 접종 : 추가 접종 후 매년 1회 주사	
광견병	기초 접종 : 생후 3개월 이상 1회 접종	
	보강 접종 : 6개월 간격으로 주사	

집에서도 건강검진

반려견의 소소한 문제를 알아볼 수 있는 이는 오로지 보호자뿐이다.
다음 사항을 체크해 질병을 조기에 발견할 수 있도록 노력하자.

생활 속 소소한 체크 팁

(몸) 평소와 다른 점을 빨리 감지/상태 변화 관찰

기운이 있는지 이상한 동작·행동은 없는지, 호흡이 거칠지 않은지 등 평소와 다른 모습을 점검한다. 몸을 말아 웅크리거나, 다리를 들어 올리거나, 끌며 걷거나, 일정 간격으로 짖거나, 만졌을 때 공격적으로 반응하는 것은 통증이 있다는 사인일 수 있다.

(코) 젖은 코는 건강의 증거/부위별로 체크

콧물을 흘린다, 눈곱이 많이 나온다, 귀에서 냄새가 난다, 구취가 난다 등은 몸에 문제가 있다는 신호. 개의 코는 하루에도 수시로 변화하지만, 극도로 건조하거나 갈라진다면 발열, 탈수, 피부 질환이 의심된다. 발톱과 육구 상태도 살펴보자.

(입) 식탐을 부리는 것이 정상/식욕을 체크

식욕은 건강의 바로미터. 특히 개는 한 번에 많이 먹어두려는 습성이 있어서 적정량의 사료에 만족하지 않는다. 항상 식욕이 있는 것이 일반적인 상태이고 몸이 건강하다는 증거이다.

(눈) 아이 콘택트로 몸과 마음의 변화를 감지/신호를 읽어낸다

개는 눈으로 마음을 전한다. 매일 눈을 맞추고 반려견의 상태를 살피다 보면 작은 변화나 컨디션이 좋지 않은 이상 소견도 감지할 수 있다.

㊇ 뿌리를 알아 예방의학/견종에 따라 위험한 질환을 알아둔다

혈통이 있는 순종일 경우는 견종마다 발병 위험이 높은 질병이 있다. 견종의 특성을 알아두면 선천성 질병 예방에 도움이 된다. 또한 뿌리를 이해함으로써 성질과 성격도 파악할 수 있다.

㊇ 대소변 검사는 매일 보호자의 일과/색과 횟수를 체크

소변은 횟수와 양뿐 아니라 색과 냄새가 평소와 다르지 않은지 살핀다. 변도 횟수와 양, 상태를 본다. 먹은 것에 따라 양과 색, 냄새가 달라지지만 특히 설사나 혈변은 건강하지 않은 증거이다. 변비에도 주의하자.

동시에 체중도 점검

갑작스럽게 체중 변화가 있는지, 비만 징후가 보이는지 매일 체중을 잰다. 반려견을 안고 체중계에 올라 나의 몸무게를 뺀다. 소형견은 0.1g 단위로 잰다.

㊇ 만져보며 상태 확인/스킨십으로 촉진

체형 변화, 탈모와 털 뭉치, 피부 염증과 사마귀, 비듬, 벼룩, 멍울이나 부기, 통증 부위가 없는지 체크. 체온은 옆구리나 가랑이 사이를 만져보고 확인. 매일 만지다 보면 평소와 다른 체온 변화를 알 수 있다.

때때로 항문선 짜기를 한다

개의 항문 부근에는 항문선이 있어서, 강한 냄새의 분비액이 나온다. 이것이 원활하게 배출되지 못하면 쌓여서 항문낭염을 일으킬 수 있다. 이때는 방법을 익혀서 월 1회 정도 짜주는 것이 좋다. 병원이나 펫살롱에 의뢰할 수도 있다.

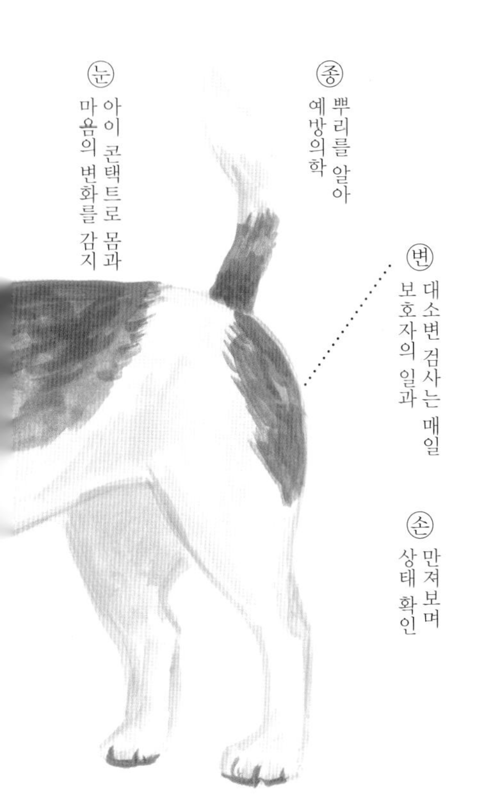

개가 특히 주의해야 할 질병

반려견도 장수 시대.
질병의 종류도 늘었다

노령견의 위험 질병

생활환경과 영양 상태 개선으로 반려견의 수명이 매우 길어졌다. 대단히 감사한 일이지만, 안타깝게도 고령이 되면서 발병하는 질병도 늘었다. 나이를 먹어가면서 나타나기 쉬운 질병을 살펴본다.

당뇨병 : 다음·다뇨, 급격한 체중 감소 등의 증상이 나타난다(P.150).

심장병 : 기침이나 호흡 곤란 증세가 나타난다(P.150).

신장병 : 신부전(P.165) 등. 다음·다뇨, 구토, 식욕 부진 등이 나타난다.

종양 : 유선종양, 악성 림프종, 지방종 등은 악성 암이다(P.134, 151).

췌장염 : 심한 복통으로 등을 구부리는 자세를 한다(P.153)

눈 질환 : 노인성 백내장(P.165) 등. 잘 놀지 않고 가구에 부딪히는 등의 행동을 보인다.

근골격 질환 : 통증으로 걷지 않으려 한다.

치아 질환 : 치주병(P.137) 등으로 구취가 심해진다.

피부 질환 : 면역력 저하 등으로 감염병(P.133)에 걸린다.

피임·거세로 병을 예방할 수 있다?

수컷 거세의 장점으로 전립선 비대와 항문 주위 샘종 발생이 대폭 줄어들고, 정소를 적출하므로 정소 종양을 방지한다. 또한 고환이 체내에 있는 정류고환은 고환이 종양화할 가능성이 있으므로 거세할 것을 권장한다.

또한 암컷의 피임 수술을 최초 발정 전에 실시하면 매우 높은 확률로 악성 유선종양 발병 위험을 예방할 수 있으며, 최초 발정 후라 해도 확률은 낮아진다. 자궁·난소·질을 적출하므로 자궁축농증의 위험이 사라진다.

단점으로는 암컷, 수컷 모두 이행상피암, 골육종, 림프종, 비만 세포종 등이 미세하게 증가하는 것으로 확인되었다.

모견의 체질을 닮나?

유전적 요인으로 인한 질병이 있다

유전성 질환은 없을까

유전성 질환이란 유전자로 인해 태어나면서부터 나타나는 질병을 말한다. 순혈종에게서 많이 보이며 견종에 따라 발현되는 질환도 다르다. 표준적인 형태·특징을 추구하면서 근친교배를 거듭해온 것이 요인이다.

브리더는 번식 전에 유전자 이상이 없는지 검사를 진행해야 하며, 부모견이 유전적 커리어가 있다면 중지하는 등 열성 유전자가 남지 않도록 해야 한다. 다만 원인이 되는 유전자가 확실하지 않은 질환이라면 검사가 어려운 경우도 있다.

개에게 나타나는 유전성 질환

현재 약 500가지의 유전성 질환이 밝혀졌다. 대부분은 강아지 때부터 나타난다.

- **고관절 형성부전 :** 고관절 이상으로 탈구가 잘 일어나는 상태. 70%는 유전성이고, 대형견에게 많이 발생.
- **슬개골 탈구 :** 슬개골이 빠지거나 뒷다리의 뼈와 근육에 기형이 나타나기도 한다. 소형견에게 많으며, 선천적, 후천적으로 모두 발생한다.
- **수두증 :** 1세령까지 발견된다. 대부분이 유전이고 선천성이다.
- **뇌전증 :** 돌발성 뇌전증은 유전성.

견종별 유전성 경향 사례

·시바견	**개 아토피 피부염 :** P.132 참조 **GM1-강글리오시드증 :** 1세령에서 신경 증상이나 운동 실조가 나타나 수개월 만에 사망에 이르기도 한다
·보더콜리	**세로이드 리포푸신증 :** 뇌세포에 세로이드 리포푸신이 축적되어 2~3세령에 사망하는 위험한 질병으로 안락사를 하게 되는 경우도 있다
·퍼그 ·페키니즈 ·시츄 등	**단두종 기도 증후군 :** 단두종에게 많으며, 비강협착, 연구개 과장증, 기관허탈 등 합병 증상이 나타난다
·웰시 코기 ·저먼 셰퍼드 등	**변형성 척추증 :** 등뼈가 변형해서 서서히 보행이 힘들어진다. 근본적 치료법은 없고, 재활 등으로 진행을 늦춘다
·닥스훈트 ·프렌치 불도그 ·웰시 코기 ·비글 등	**추간판 탈출증 :** 연골 이영양성 견종이라 불리는 고위험군 개에게서 잘 나타난다
·치와와 ·파피용 ·푸들 ·요크셔테리어 ·닥스훈트 등	**진행성 망막 위축증(PRA) :** 시력 저하가 나타나 결국엔 실명하는 진행성 질환

전염되는 병이 있다?

치명적인 감염병도 있으므로 백신을 맞는 것이 중요

전염병에 미리 대비

바이러스나 세균이 몸에 들어와 질병을 일으키는 것이 감염병이다. 기생충으로 인해 발생하는 감염병도 있다. 치사율이 높고, 다른 동물이나 사람에게까지 전염시키는 경우도 있다. 감염병은 백신 접종으로 예방할 수 있으며, 접종 후엔 만일 감염되더라도 경증에 그친다.

아직 어린 강아지는 저항력이 약해서 성견이라면 쉽게 치료할 수 있는 감염병도 자칫 목숨을 위협할 우려가 있다. 백신을 맞기 전까지는 산책을 자제하고, 다른 개와 접촉하지 않는 등의 예방도 중요하다.

개가 걸리는 감염병을 크게 나누면 다음 3가지 타입이 있다.

바이러스 감염 : 세균, 바이러스가 몸에 들어와 증식해 질병을 일으킨다.

• 개 파르보바이러스 감염증 = 설사와 구토가 계속되고, 탈수 증상으로 쇠약해져 강아지의 경우는 수 시간 만에 사망에 이르기도. 전염력이 강하다.

• 홍역 = 홍역 바이러스 감염으로 발생. 어린 강아지나 노령견의 경우는 사망률이 높다. 고열이 나고 기력 저하, 식욕 부진, 설사, 구토, 눈곱, 콧물 등의 증상이 나타난다.

그 외 세균성 장염, 개 코로나바이러스 감염증, 케넬코프 등이 있다.

외부 기생충 : 몸 표면에 붙는 기생충으로 인한 감염병. 알레르기 반응이나 기생충이 매개해 발병하는 질병 등이 있다. 개에 붙는 외부 기생충으로는 개벼룩, 참진드기, 개 모낭충, 발톱진드기, 옴진드기 등이 있으며 사람에게 피해를 주기도 한다.

내부 기생충 : 몸 내부에 기생하는 기생충으로 인한 감염증.

• 개 사상충증(개 필라리아증) = 모기 매개로 감염. 심장 우심실에 기생 (P.153).

• 회충 = 4~20cm 정도이며 이전에는 많은 강아지에게 있었으나 최근에는 감소. 변에 섞여 배출되기도.

• 과실조충 = 1cm 정도의 마디가 연결되어 15~50cm 정도 길이로 기생.

• 콕시듐 = 장내에 기생해 설사를 일으킨다. 술파제를 수일 투여.

• 편모충증 = 장내에 기생하며 설사를 일으킨다. 번식장에서 감염되는 경우가 많으며 주로 항체 검사로 확인.

안심할 수 없는 광견병

광견병은 광견병 바이러스를 보유한 동물에 물려서 발병하는 질병이다.

치사율이 100%에 이르는 치명적인 질병이며, 사람을 포함해 모든 포유류가 감염된다.

오늘날에도 광견병으로 매년 6만 명가량 사망하며, 9월 28일을 '세계 광견병의 날'로 지정했다(우리나라 농림축산검역본부에 의하면 1984년 소에서 발생한 뒤 보이지 않다가 1993년 야생 너구리와 접촉한 개에게서 나타난 뒤 소, 개, 야생 너구리에게서 계속 발생하고 있다. －옮긴이).

광견병 청정국으로 꼽히던 대만의 경우도 2013년 52년 만에 야생 중국족제비오소리에게 광견병이 발생해 개에게 전염되었으며 2017년까지 607마리 발생이 확인되었다.

사람이 사는 마을까지 야생동물이 내려오는 일도 빈번하므로 언제든 발생할 수 있는 것이 광견병이다.

주의해야 할 참진드기 전염병

참진드기는 야외에 서식하며 지나가는 생물에 기생해 흡혈한다. 물리면 바로 가려움증이 나타나지 않으나 빈혈, 알레르기를 일으키기도 한다. 무서운 것은 물린 후에 나타나는 감염병이다. 다음은 참진드기로 인한 감염병의 예이다.

- **바베시아증 :** 바베시아라고 하는 원충이 개의 적혈구에 증식하면서, 적혈구를 파괴한다. 빈혈, 식욕 부진, 발열 등의 증상이 나타나며 위중해지면 사망에 이를 우려도 있다.
- **라임병 :** 보렐리아라고 하는 세균에 의한 감염병. 성견에게는 발병하지 않는 케이스도 있으나, 걸리면 발열이나 식욕 부진, 전신경련, 관절염 등의 증상이 나타난다.

참진드기는 산간만이 아니라 공원 풀숲 등에도 서식한다. 참진드기가 활발한 계절에는 구제약을 이용해 예방한다. 먹는 타입과 도포하는 타입의 구제약을 병원에서 처방받을 수 있다. 여름 전부터 늦가을까지 사용한다.

혹시 반려견에서 진드기를 발견했을 때는 직접 잡아 빼다가 진드기 입만 몸에 남을 수 있으므로 병원을 찾는 것이 안전하다.

알아두어야 할 인수공통감염병

인수공통감염병이란 사람과 개(동물) 모두에게 발병하는 감염병을 말한다. 사람의 감염병은 약 1700종인데, 이 중 약 절반이 인수공통감염병이다. 광견병은 감염된 개에게서 사람으로 전파된다. 그 외에도 파스튜렐라병, 묘소병, 피부사상균증, 포낭충증, 벼룩 알레르기성 피부염, 카프노사이토파가 카니모르수스 감염병 등은 개에게서 사람으로 전염된다. 이 중에 개는 무증상이지만 사람에게는 증상이 나타나는 것도 있다. 과도한 접촉은 피하고, 세게 할퀴거나 물지 않도록 미리 주의한다.

건강편

PART 2

겉모습 점검

비만? 저체중?
털에 윤기가 없다?
반려견의 몸에 문제가 생기면
겉모습에도 변화가 나타난다.

작은 변화를 놓치지 말 것

체형 변화만이 아니라 눈곱이 많다, 털이 빠지고 비듬이 나온다, 귀나 입에서 냄새가 난다 등 반려견의 상태가 평소와 다르면 걱정스럽다. 생리적인 이유이거나, 아무 문제가 없는 경우도 많지만 어디까지나 절대적이지 않다. 흔한 일이라고 방치할 것이 아니라 의심스러운 케이스는 병원에서 진찰을 받도록 하자. 다행히 병이 아니라면 안심할 수 있다. 견종이나 체질에 따라 쉽게 나타나는 증상을 파악하면 이후 일상생활에도 한층 주의할 수 있다.

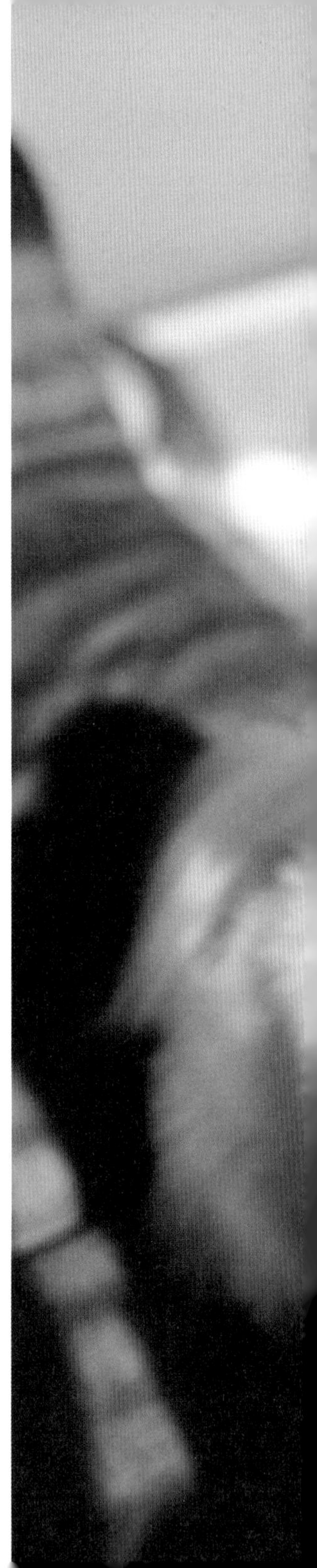

갑자기 마른다 · 살찐다

비만이 증가 추세이므로 주의

살찌는 것도 마르는 것도 주의

반려견의 식생활도 포식의 시대다. 대형 마트부터 인터넷 쇼핑몰에 이르기까지 개 사료가 넘쳐나며, 살이 찌는 환경이 너무나도 잘 조성되어 있다. 여기에 더해 유감스럽게도 비만에 대한 보호자들의 위기감도 덜해 해결이 쉽지 않다. 비만뿐 아니라 너무 마른 것도 건강하지 않은 상태이다.

식사 적정량을 지키고(P.29), 적절한 운동을 하는 것이 건강 유지의 첫걸음이다. 한편 간식을 너무 많이 제공해서 비만에 빠지는 경우가 많으므로 방심하지 말자.

몸을 만져보며 점검

보디 컨디션 스코어(BCS)라고 하는 반려견 체형 지표를 이용해 간편하게 비만도를 체크할 수 있다(아래 표 참조). BCS 3이 가장 이상적인 상태이며 포인트는 다음 3가지다.

① 만졌을 때 늑골을 확인할 수 있다.
② 위에서 볼 때 허리 앞쪽이 잘록한 것을 확인할 수 있다.

보디 컨디션 스코어 기준

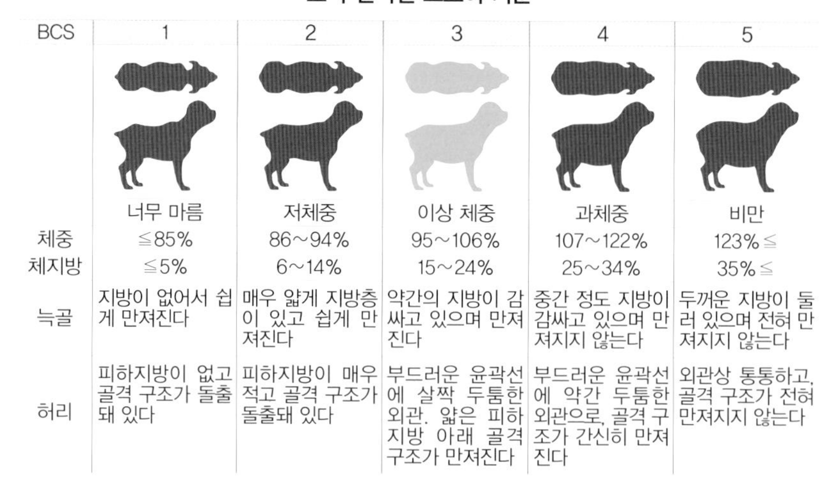

BCS	1	2	3	4	5
	너무 마름	저체중	이상 체중	과체중	비만
체중	≦85%	86~94%	95~106%	107~122%	123%≦
체지방	≦5%	6~14%	15~24%	25~34%	35%≦
늑골	지방이 없어서 쉽게 만져진다	매우 얇게 지방층이 있고 쉽게 만져진다	약간의 지방이 감싸고 있으며 만져진다	중간 정도 지방이 감싸고 있으며 만져지지 않는다	두꺼운 지방이 둘러 있으며 전혀 만져지지 않는다
허리	피하지방이 없고 골격 구조가 돌출돼 있다	피하지방이 매우 적고 골격 구조가 돌출돼 있다	부드러운 윤곽선에 살짝 두툼한 외관. 얇은 피하지방 아래 골격 구조가 만져진다	부드러운 윤곽선에 약간 두툼한 외관으로, 골격 구조가 간신히 만져진다	외관상 통통하고, 골격 구조가 전혀 만져지지 않는다

※**적정 체중 계산법**=위 체중 설명과 일러스트를 보고 BCS 1~5에 적용해서, 반려견의 현재 체중을 해당되는 것으로 보이는 퍼센트 숫자로 나눈다.

③ 옆에서 보았을 때 복부가 뒷다리 쪽으로 올라가 있다.

소형견이라면 1살, 대형견이라면 2살에 이 체형의 적정 체중이 된다고 한다. 이상적인 체형을 사진으로 찍어 두고 체중 변화를 기록하면 이후 '살쪘다·말랐다'를 판단하기 쉽다.

비만 리스크

비만은 체지방이 적정 수치의 15%를 초과한 상태를 말한다. 근육질과는 다른 차원의 오동통한 체형이 된다. 살이 찌면서 여러 질병이 발병할 위험이 높아진다.

① 다리에 부담이 가서 관절이나 고관절이 손상될 수 있다. 또한 미니어처 닥스훈트 등은 비만으로 추간판 탈출증(P.148)을 유발할 수 있다.

② 당뇨병(P.150)이 생길 수 있으며, 나중에는 먹어도 살이 빠지기도 한다. 치료를 위해 매일 인슐린 주사가 필요할 수도 있다. 탄수화물 과다나 운동량 저하도 원인.

③ 심장병(P.150)이 있는 반려견이 비만이 되면 증상이 악화된다. 급격한 운동으로 호흡이 거칠어지고, 기침이나 호흡 곤란에 빠지거나 돌연 낙상하기도 한다.

살찔 때 의심스러운 질병

갑상샘 저하증은 갑상샘 자체 기능 부전으로 갑상샘 호르몬 분비가 적은 것이 원인이다. 7~8세령의 중형견에서 많이 나타난다. 급격히 살이 쪄서 동작이 둔하고 멍해지거나, 피부가 건조하고, 색소 침착이 나타난다.

또한 살이 찐 듯 보이나 실은 흉수나 복수가 차거나 붓는 경우도 있으므로 체중 증가만으로 판단할 것이 아니라 체형 변화에도 유의한다.

살이 빠질 때 의심스러운 질병

당뇨병에 걸리면 아무리 먹어도 살이 빠진다. 이윽고 식욕 부진과 기력 저하, 혼수상태에 이르면 죽음까지 갈 수 있다. 당뇨병의 합병증으로는 백내장이나 세균 감염에 의한 피부병, 방광염, 자궁축농증 등이 있다.

쿠싱 증후군(P.131)은 다음·다뇨, 식욕이 있는데도 체중이 감소하는 것이 특징이다. 당뇨병을 유발하는 원인이 되는 질병이다. 체모가 얇아져서 탈모가 되고, 피부가 얇아지며, 복부 팽만이 된다. 개 아토피 피부염 치료제 등 장기간 스테로이드제를 사용해서 비슷한 증상이 나타나는 경우도 있다.

콕시듐이나 회충 등 기생충 감염으로 인해 설사가 계속되다 살이 빠지기도 한다.

몸을 만져보고 비만도를
체크할 수 있는
BCS(옆 페이지 표)도 있어요

오늘도 눈곱이 끼었다

걱정하지 않아도 되는 눈곱도 있지만…

눈곱이 있다면

눈곱이란 눈에 붙은 먼지나 피지선 분비액이 굳은 생리적인 것이다. 정상적인 눈곱은 투명하고 소량이지만 노란색 또는 녹색이거나, 양이 많으면 바이러스나 세균 감염이 의심되므로 진찰을 받아보도록 하자. 또한 콧물을 동반한다면 홍역(P.122) 초기 증상을 의심할 수 있다. 노란색 눈곱이 다량 나온다. 면역력이 있으면 가벼운 호흡기 증상으로 그치지만 어린 강아지나 노령견은 주의가 필요하다.

눈곱이 신호가 되는 눈 질환에는 다음과 같은 것이 있다.

결막염 : 안구의 흰자가 붉게 충혈. 눈물이 나고, 눈을 계속 깜박인다. 한쪽 눈만 나타난다면 샴푸가 들어갔거나 상처를 입은 것이고, 양쪽 눈에서 모두 나타나면 감염병이나 알레르기를 의심할 수 있다.

각막염 : 눈 표면의 투명한 막에 상처나 눈곱으로 염증이 발생한 상태. 통증이 있어서 눈이 게슴츠레하다.

포도막염 : 눈의 포도막에 바이러스나 세균이 감염되어 발병. 다량의 눈곱과 심한 통증을 동반하며 흰자가 충혈된다.

녹내장 : 안압이 올라가고 극심한 통증을 동반한다. 유전적인 원발성과, 염증으로 발생하는 속발성이 있다. 시바견, 시츄 등에게 잘 나타난다.

개도 안구건조증 주의

안구건조증(건성 각결막염)은 눈물 분비가 원활하지 않아 각막이 건조한 상태이고, 충혈과 노란색 고름과 같은 눈곱이 나온다. 진행되면 각막궤양이 된다. 자가 면역성 질환의 일종으로 눈물을 생산하는 양이 적은 것이 원인일 수도 있다. 치료로는 점안액이나 연고 등을 사용하고 눈물의 양을 보충하는 치료를 한다. 안검 내반증·외반증 등 눈꺼풀의 형태에 따라서 안구건조증이 생겨 성형 수술로 처치하기도 한다.

'눈이 큰 아이는 눈병에 걸리기 쉽다는 사실, 알고 있나요?'

눈 주위의 청결을 유지하는 것이 예방책. 눈이 크고 튀어나온 시츄나 퍼그 등의 견종에게 발생하기 쉽다.

그 외 눈 질병

다음은 어린 강아지에게서도 나타나는 일상적인 눈 질병이다. 잘 알아두어 예방하도록 하자.

안검 내반증·외반증 : 눈꺼풀이 안쪽으로 말리거나 바깥쪽으로 젖히는 상태. 외과적으로 교정한다.

체리 아이 : 눈 안쪽의 순막에서 순막선이 돌출되며 빨갛게 부어오른다. 외과적 처치를 한다.

눈의 질병은 이차적으로 각막이 손상되지 않도록 엘리자베션 칼라를 장착하기도 한다. 다만 엘리자베션 칼라로 스트레스를 느끼는 개도 있으므로 이후 상태를 잘 관찰한다.

보기에 안쓰러운 눈물흘림증

눈물흘림증이란 유루증 또는 비루관 폐쇄라고도 한다. 눈머리 털이 눈물 성분으로 적갈색으로 변색된다. 원인은 눈물길이 좁다, 눈물이 잘 막힌다, 알레르기, 속눈썹증 등이다. 페키니즈, 몰티즈, 토이 푸들 등에게 많이 보이며, 선천적인 경우도 있다.

고칼로리나 고단백질 사료를 너무 많이 섭취하면 눈물길이 막혀서 나타난다고도 한다. 또한 안구건조증으로 눈물이 정상적으로 확산되지 못하고 눈물흘림증이 되는 경우도 있다. 충분히 불린 사료나 수제 사료로 수분 섭취량을 늘리면 개선되기도 한다.

변색된 눈물 자국을 지우려면 붕산수로 눈을 닦거나, 면 수건에 적셔 눈 주위 지저분한 흔적을 닦아내 세균 번식을 막는다. 중조(탄산수소나트륨)도 눈물 자국을 지우는 데 효과가 있다.

병원에서는 항생제를 투여하거나, 코눈물관을 세정한다. 시판품으로는 건강기능식품이나 침투성·세정 작용이 뛰어난 클리너가 있다. 깨끗하게 목욕한 뒤에 눈가까지 충분히 말려서 닦아주면 서서히 개선된다.

엘리자베션 칼라를 하고도
저는 거리낌이 없답니다.

앞머리가 길 때는
묶어주는 것이 눈이 편안해요.

귀에서 냄새가 난다

귀에서 냄새가 나면 본인이 제일 괴로워

머리를 흔드는 것은 귓병의 신호

반려견의 귀에서 평소보다 냄새가 심하게 나면 귓속 염증을 의심해볼 수 있다. 개는 위화감과 가려움증을 느끼고 머리를 세게 흔들거나, 바닥이나 벽에 귀를 문지르기도 한다. 머리를 너무 심하게 흔들면 모세혈관이 끊어져 귀 연골과 피부 사이에 피가 고이는 이혈종이 발생하기도 하므로 주의. 종양이나 폴립 등으로 문제가 생기는 경우도 있으며, 외과 수술로 제거한다.

개에게 잘 나타나는 외이염

귀에서 냄새가 난다든지, 귀에 이상 행동을 하거나 할퀴는 등의 행동을 하면 귀 입구에서 고막까지 외이도에 염증이 생긴 외이염을 의심한다. 외이염은 외이의 상재균인 세균이나 곰팡이, 곧 진균 증식이 원인이다. 매우 흔하게 나타난다. 귀 청소 과정에서 생긴 상처나 목욕, 물놀이로 귀에 물이 들어가 염증을 일으킬 수 있다.

상재균인 말라세치아로 인한 외이염은 흑갈색에 찐득한 느낌이며 냄새가 나는 귀지가 특징이다. 크고 늘어진 귀를 가진 아메리칸 코커스패니얼, 이도에 털이 많이 나는 시츄와 토이 푸들이 외이염에 걸릴 위험이 높다.

지루 피부염이나 개 아토피 피부염이 있는 경우도 외이염을 의심한다.

귀 진드기 감염으로 인한 염증은 이개선증이라고 하며, 0.3~0.5mm 정도의 이개선충이 대량 발생해 외이도에 있는 때를 먹거나 이도 표피에 침입하기도 한다. 심한 가려움증을 동반하기 때문에 머리를 흔들거나 검은색의 마른 귀지가 다량으로 나온다.

집중해서 잘 보면 흰색의 움직이는 형체를 확인할 수 있다. 이 귀지에는 대량의 알이 있어서 감염력이 강하고 치료에 수 주가 걸린다.

병원에서는 귀를 세정하고, 점액 처방을 한다. 면봉 등을 이용한 귀 청소는 이도에 상처를 낼 우려가 있으므로 전문가에게 맡기도록 하자.

'귀가 가려워 흔드는 게 아니랍니다.'

털 빠짐이 심하다

탈모가 심한 시기가 있지만…

좋은 탈모와 나쁜 탈모

개의 탈모에는 생리적인 것과 병적인 것이 있다. 더블 코트 견종은 겨울털이 봄에 빠지고 여름털이 새로 나며, 가을에 여름털이 빠지고 겨울털이 새로 난다. 이것은 지극히 자연스러운 탈모이다. 한편 진균에 감염되거나, 진드기 등의 기생충으로 인한 피부염(P.133)으로도 탈모가 일어난다.

여름용과 겨울용으로 털갈이.

병리적 탈모란?

피부염과 달리 내분비성 질환으로 일어나는 탈모가 있다.

부신피질 기능 항진증(쿠싱 증후군) : 코르티솔이라는 호르몬이 과다하게 분비되어 일어난다. 털이 가늘어지긴 하지만, 가려움증은 전혀 없다. 탈모 외에 피부가 거뭇해지고 다음·다뇨, 이상 식욕 증가 등의 증상이 나타난다. 10%의 비율로 당뇨병을 동반한다. 고령이 되면 걸리기 쉬운 질병으로 알려진다. 푸들이나 닥스훈트, 요크셔테리어 등의 테리어종에서 잘 나타난다.

탈모증X(알로페시아X) : 포메라니안 탈모증이라고 불릴 정도로 포메라니안에게 많이 발병하는 탈모증이다. 가려움증은 없고, 머리와 발끝 이외의 부위가 좌우대칭으로 탈모가 진행된다. 성호르몬을 억제하는 약을 사용해 털이 자라기도 하나, 대부분은 평생 탈모 상태가 지속되기 때문에 옷으로 피부를 보호해야 한다. 1세령경부터 어깨나 엉덩이 털이 얇아지거나 짧아지는 등의 증상이 보이면 진찰을 받도록 하자.

스트레스로 인한 탈모증

개는 스트레스를 받으면 몸을 핥거나 물기도 한다. 축축한 원형 탈모 부위가 보이면 스트레스성 탈모증일 가능성이 있다.

환경 변화나 동거 동물과의 관계, 소통 부족 등 원인을 찾아본다. 반려견과의 교류 방식을 다시 돌아보도록 하자.

피부가 빨갛다

완치되지 않는 피부염도 있지만
완화·개선을 목표로

개에게 나타나는 피부염 타입

피부가 염증을 일으켜 붉어지고, 발진이 생기는 등의 증상이 있으면 피부염을 의심한다. 피부의 기본 구조가 무너지고 방어 기능이 떨어져 피부가 붉어지는 증상 외에도 탈모와 가려움증을 동반하는 경우가 많다. 자주 긁거나 핥는 모습을 보이면 의심해보자.

개는 피부병이 흔한데 특히 체질적으로 피부가 약하거나 알레르기가 있다면 더 걸리기 쉽고, 완치가 어려운 케이스도 있다.

피부염에 걸리지 않기 위해

생활 습관으로 예방, 개선할 수 있는 피부염도 있다.

① 식생활 개선으로 면역력을 키운다. 양질의 동물성 단백질이나 식물성 단백질을 선택한다.

② 항균성 샴푸로 세균 증식을 억제한다. 각질 샴푸로 비듬과 피지 억제, 보습성 샴푸로 보습, 지루성 샴푸로 가려움증 감소 등의 방법이 있으므로 전문가와 상담해서 선택한다.
약물 목욕은 최대 주 1~2회까지를 기준으로 한다.

③ 건강기능식품으로 오메가3 지방산, 피시 오일, 아마기름, 아미노산, 비타민·미네랄 등을 보충한다.

알레르기로 인한 피부염

식품이나 집 먼지, 꽃가루 등으로 인한 알레르기가 있으면 피부염이 나타나는 경우가 있다.

개 아토피 피부염 : 알레르겐(알레르기를 일으키는 원인 물질)에 대한 과도한 면역 반응으로 발병한다. 귀나 얼굴, 발가락 사이, 겨드랑이 아래, 배 등이 가렵다. 핥거나 긁어서 피부가 붉어진다든지 검게 색소 침착이 일어나기도 한다. 대표적인 알레르겐은 진드기, 식품 단백질 등. 발병에는 유전적 요인이 관계되며, 체질적으로 시바견, 프렌치 불도그 등에서 많이 나타난다. 완치는 어려우나 알레르겐이 특정되면 이를 피해서 억제할 수 있다.

음식물 알레르기 : 아토피만큼 심하지 않아도 특정 식품으로 인해 피부가 붉어지거나 가렵다. 알레르겐을 찾아내서 피한다.

벼룩 알레르기성 피부염 : 벼룩의 타액이 알레르겐이 되는 피부염이다. 목 뒤, 등에서 허리, 꼬리에서 항문 주위에 탈모나 붉은 발진이 생기며 매우 가렵다. 연고 또는 내복약으로 가려움증을 억제하면서 벼룩 구제약을 처방받아 쉽게 해결할 수 있다.

세균으로 인한 피부염

항상 피부에 존재하는 상재균 중에는 피부염의 원인이 되는 것이 있다. 면역력이 저하될 때 발병한다.

- **표재성 농피증 :** 개의 피부에 항상 있는 포도구균이 원인인 피부염으로, 균이 모공에서 증식해 붉은 발진이 생긴다. 가려움증을 동반하며 비듬이 나타난다. 내과 질환을 가진 개에게서 발생하거나, 개 아토피 피부염 등으로 피부를 긁어서 상처 난 부위에도 감염이 잘 일어난다. 고온 다습한 계절에는 몸에 있는 상재균이 잘 번식하므로 주의하자.
- **말라세치아 피부염 :** 항상 몸에 있는 진균(곰팡이)의 일종인 말라세치아가 피부 표면에 증식해 붉음증이나 가려움증을 일으킨다. 지루성 체질 개에게서 잘 발병한다.

대개 이런 피부염은 가려움을 억제하는 약물 치료와 더불어 항균 샴푸나 연고로 균 번식을 억제하지만 재발이 잘 되는 것도 특징이다.

기생충으로 인한 피부염

진드기 등 기생충에 물려 발병.

- **개선증(옴) :** 개 옴진드기에 물려 나타나는 피부염으로, 배에 붉은 뾰루지가 생기고, 비듬과 일시적으로 심한 가려움증을 동반한다. 구제약으로 진드기를 살충하지만, 진드기가 이동하므로 여러 마리를 키우는 집에서는 반려동물을 모두 점검한다.
- **모포충증 :** 모낭충으로 인해 생기는 피부염으로, 모낭충은 개의 모공에 서식한다. 이것이 이상 증식하면 모공에 염증을 일으키고 붉은 뾰루지와 탈모 증상이 나타난다. 모낭충은 엄마 개에게서 받았을 가능성이 크며, 성견끼리는 전파되지 않는다. 강아지에게서 발생하면 간혹 자연 치유되기도 하지만 재발되기 쉽다. 이 경우 구제약과 함께 내복약으로 치료한다.

종기가 났다

나이를 먹을수록 잘 생긴다.
악성일 수 있으므로 주의

개는 종기가 많다

개는 피부염이나 습진을 포함해 종기가 많은 동물이다. 몸 표면에서 이상을 발견하면 이것이 상처나 피부병인지, 아니면 종양인지, 종양이라면 양성인지 악성인지를 가려야 한다. 사마귀 모양의 종기 외에 부종이나 멍울로 나타나는 경우도 있다.

습진이나 여드름과 같은 작은 뾰루지나 부스럼은 우선 피부염을 의심해 볼 수 있다. 벼룩이나 진드기의 기생, 알레르기 또는 농피증 등 감염으로 인한 염증이다. 마찬가지로 세균 감염으로 인한 염증에 고름이 모여 붓는 궤양이 있다.

그 외에도 노령견이 되면 피부 여기저기에 1~2mm 정도의 사마귀가 생기는데, 피지선종이나 피부유두종 등의 사마귀라면 큰 문제는 없다.

피부에 생기는 양성 종기

개에게 흔히 나타나는 피부 종기로 표피에 생기는 것과 피하에 생기는 것이 있다.

표피낭종 : 피부 아래에 주머니 모양의 낭종이 생겨 피지나 묵은 각질이 쌓이는 양성 종기다. 고령의 개에게서 많이 발생한다. 방치하면 서서히 커져서 터질 수 있으므로 1cm가 넘는다면 병원을 찾는다.

지방종 : 지방세포가 증식해 응어리(지방 덩어리)가 생긴 양성 종양. 고령이 되면 많이 나타나고 암컷에게 발생률이 높다. 전신 여기저기에 생긴다.

조직구종 : 둥근 모양으로 부풀어 오르는 양성 종양. 어린 강아지에게 많이 발생한다. 대개는 자연적으로 사라지지만 커지면 절제하기도 한다.

모낭종 : 피부에 딱딱한 혹 같은 것이 생겨 드물게 염증을 일으킨다.

주의해야 할 종기

부스럼이 0.5cm 이상으로 커지면 종양의 가능성이 생긴다. 종양에는 악성인 것도 있고, 양성이라도 커지면서 터지거나 생활에 지장을 주기도 한다. 암이 되는 경우도 있으므로 조기 발견이 중요하다. 개의 경우 종양이 압도적으로 많이 생기는 부위가 유선이다. 또한 몸 표면이나 구강, 항문 주위, 이도 등에서 발견되기도 하므로 주의해서 살펴보자.

유선에 멍울이 생기는 유선종양은 양성과 악성이 반반, 피부에 생기는 지방세포종, 편평 상피암, 샘암 등은 악성이다(P.152). 구강 내에는 악성 흑색종, 편평 상피암, 양성 치은종 등의 종양이 나타날 수 있다.

조기 발견이 중요

평소 스킨십이나 브러싱을 하는 과정에서 종기를 발견할 수 있다. 장모종은 눈에 잘 띄지 않으므로 세심하게 만져보아야 한다. 특히 고령에 접어들면 더 잘 발생하므로 주의하고, 크기가 작더라도 눈에 띄면 진찰을 받는다. 또한 견종에 따라 주의할 종양이 있으므로 알아두는 것도 좋다. 종양은 건강검진 혈액 검사나 엑스레이, 초음파 검사를 통해 찾아낼 수 있다.

앞발 등 시선이 가고 거슬리는 위치에 종기가 생기면 계속 핥거나 할퀴거나, 긁어서 피가 나고 조직액이 흘러 악화될 수 있으므로 엘리자베션 칼라를 장착하기도 한다.

종양이 생겼다면

종양의 종류를 보호자가 파악하기 어려우므로 우선 병원을 찾는다. 종기가 양성인지 악성인지는 내부 조직을 생체 검사하거나 부분 절제를 해서 병리 검사로 진단한다. 양성이라도 악성으로 진행되지 않도록 절제한다.

악성 종양의 치료에는 종양을 제거하는 외과 수술, 방사선 치료, 항암제가 있다. 어디서 어떤 치료를 받을지에 대한 판단은 여러 진단을 받아보고 가장 납득할 만한 방법을 찾는 것이 바람직하다. 종양 절제 수술은 이산화탄소 레이저 치료나 레이저 국소 응고요법 등이 효과적이고 안전하다. 적출이 어려운 종양은 국소 온열요법 등의 선택지도 있다.

유선종양을 촉진하는 방법

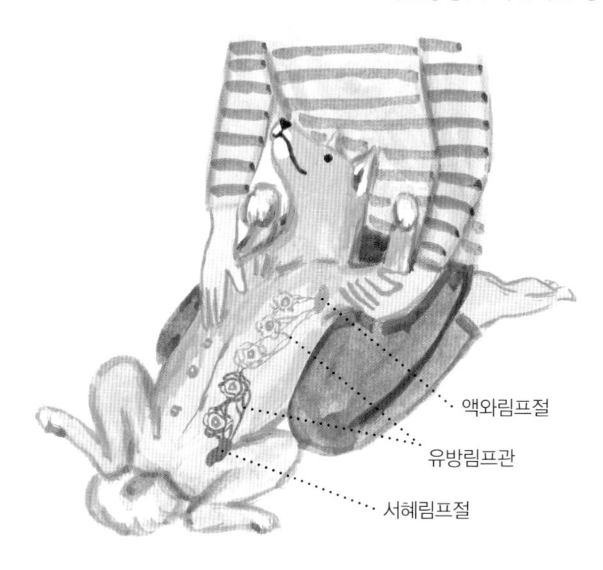

개는 4~6쌍(대개는 5쌍)의 유두와 유선이 있고, 주변에 복잡하게 유방림프관이 돌고 있다. 머리 쪽에서 3개(제1~3 유선)와 꼬리 쪽에서 2개(제4~5 유선)는 각기 다른 림프절에 연결되어 있다. 유선을 촉진할 때는 다음과 같이 한다.

①개를 눕혀놓고 무릎 사이에 끼운다.
②유두 주위(유방림프관 구역에 유선이 있다)를 부드럽게 잡는 느낌으로 마사지.
③겨드랑이 아래(액와림프절)에서 다리 밑(서혜림프절)까지 체크.
④피부 아래에 멍울이나 뭉친 느낌이 있으면 진찰을 받을 것. 0.5~2.0cm로 크지 않을 때 찾아내도록 하자.

입 냄새가 난다

예방이 제일임을 알면서도 증상이 나타난 뒤에야 문제를 알게 되는 것이 구강 내 질병이다. 증상으로는 입 냄새, 침, 잇몸 출혈, 잘 먹지 못한다, 입 주위를 할퀸다, 이가 흔들린다, 치태나 치석 등이 나타난다.

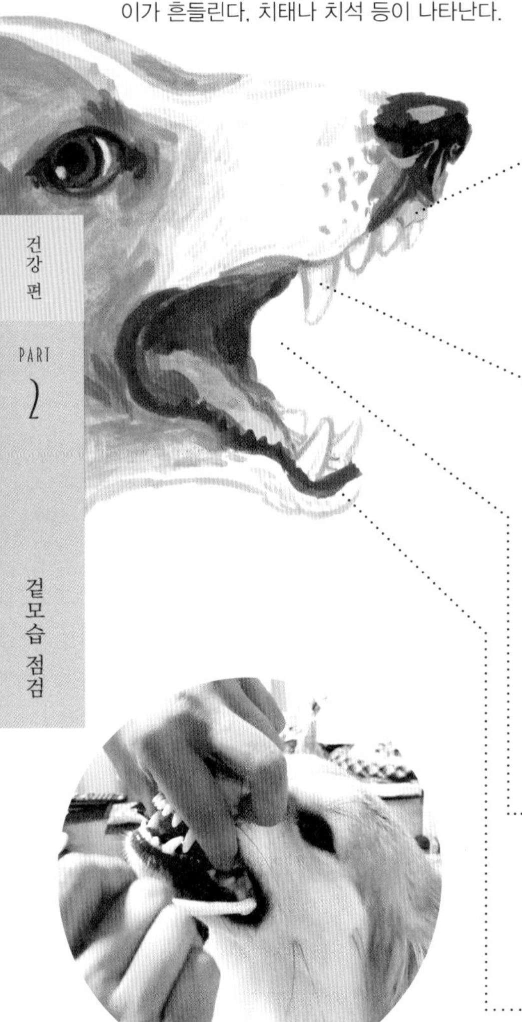

이 닦기는 개 전용 치약과 칫솔을 사용한다. 어금니 쪽까지 잘 닦는 것이 좋다.

구강 내 체크 항목

①점막이 선명한 핑크색인가

입술을 둘러싼 점막의 색을 본다. 건강하면 핑크색, 희게 보이면 빈혈, 누렇다면 황달을 의심해볼 수 있다. 구강 내에 생기는 종양도 있다.

②치경의 부기나 흔들리는 이빨은 없는가

잇몸과 이빨, 혀를 관찰하고 출혈, 부기, 잇몸 퇴축, 치태 축적, 흔들리거나 빠진 치아가 없는지 살펴본다. 건강한 치아는 백색이다. 출혈이나 부기가 있다면 치주병을 의심해볼 수 있다. 잇몸 퇴축은 치태나 치석이 축적된 것이다. 생후 4~7개월령 강아지의 이가 흔들리거나 빠지면 이갈이이고, 성견이라면 치조농루를 의심한다.

③구취가 심한가

입 냄새를 맡아보고 구취가 있는지 확인. 정도가 심하면 치주병, 구내염, 내장 질환을 의심.

④침을 흘리는가

침이 많이 나오는지 본다. 구강 내 이상 외에 중독, 연하곤란, 열사병, 뇌전증, 치은종이 의심된다. 이가 빠져 걸려 있거나 이물질이 낀 경우도 있다.

개에게 많이 나타나는 치주병

3세 이상의 개 80%가 치주병 증상이 있다고 한다. 세균 덩어리인 치태가 침 속의 칼슘 등과 결합하며 석회화해 치석이 생성되는데, 이를 방치하면 잇몸에 염증을 일으키는 치육염이 되고, 악화하면 치주병으로 진행된다. 잇몸 염증과 경증의 치주병은 잇몸이 빨갛게 붓고 이를 닦을 때 출혈이 있지만 이 단계에선 칫솔질을 제대로 매일 하는 것만으로 개선이 가능하다.

이빨이 보이지 않을 정도로 치석이 끼고 심한 구취, 잇몸 퇴축이 나타나는 정도까지 되면 진찰을 받아야 한다. 병원에서는 스케일링으로 치석을 제거한다. 치료 후에는 스트레스에서 해방되어 식욕이 늘고 평온해진다.

치주병이 더욱 악화되면 치아를 지탱해주는 뼈가 녹아 마지막에는 이가 빠지게 된다. 또한 여기까지 진행되는 과정에 많은 세균이 체내로 흡수되어 심장이나 신장, 간 등의 장기에도 영향을 미친다.

치주병을 예방하자

가장 좋은 예방법은 매일 똑바로 이를 닦는 것이다. 치주병 예방을 위해서는 이빨만 닦는 것이 아니라, 치주포켓(치아와 잇몸이 떨어져 있어서 잇몸 고랑이 깊게 나 있는 것)을 깨끗하게 하는 것이 포인트이다. 병원을 찾아 정기적으로 관리하는 좋다. 치주병을 예방하기 위한 건강기능식품도 있지만 이를 잘 닦는 것이 가장 좋은 방법이다.

이 닦기 성공을 위한 스텝

①입을 만지는 훈련

입 주변을 만지면 싫어하는 반려견이 많다. 반려견을 맞이한 초기부터 사료나 간식을 이용해 먼저 입을 만지는 것에 익숙하도록 습관을 들이자.

②이빨을 만지는 훈련

손가락에 치즈나 요구르트를 올려놓고 핥게 한 뒤 입안에 손가락을 넣는다. 익숙해지면 앞니(송곳니 포함)를 만지고, 안쪽 이빨을 만지는 식으로 단계를 올린다. 성공하면 치즈나 요구르트를 치약으로 교체.

③칫솔로 닦는 연습

칫솔에 치약을 묻혀 핥게 하는 것부터 시작. 핥는 사이에 칫솔을 이에 댄다. 서서히 이에 닿는 범위를 늘려가고 이 닦기를 마스터한다. 치태나 치석은 앞뒤 어금니에 잘 생기므로 중점적으로 닦는다. 치경과 치아의 경계(치주포켓)도 닦는다.

※'잘하면 칭찬'의 규칙은 모든 단계에 공통으로 적용된다. 싫어하면 무리하지 말고 전 단계로 돌아가거나, 다음 날 다시 도전한다. 생후 6개월까지 성공하는 것을 목표로 하자.

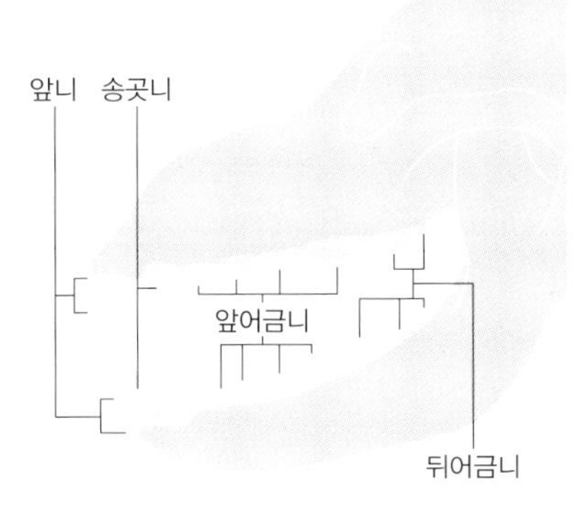

PART 3

행동과 동작 관찰

개를 비롯해 동물은
본능적으로
몸이 안 좋은 것을
감추려 하므로
변화를 알아채기가
쉽지 않다.

정상 상태를 알아야 이상 증세도 발견한다

설사나 혈뇨 등과 같이 쉽게 발견되는 증상은 논외로 하고, 컨디션 난조나 병증을 감추려 하는데도 티가 나는 정도라면 이미 상당히 몸 상태가 나빠졌을 수 있다. 혹은 통증을 참고 평소처럼 생활해서 보호자가 눈치채지 못해 악화되는 경우가 있다. 이처럼 반려동물의 이상을 발견하는 것은 매우 어렵다. '반려견의 정상 상태'를 알아두고 세심한 관심을 기울여 평소와 다른 사소한 변화를 발견한다.

갑자기 산책 거부?

매일 보채더니
어디가 안 좋을까?

평소와 상태가 다르다면

평소 그렇게도 좋아하는 산책을 거부하다니 어디가 아픈가? 기운이 없나? 아니면 단순한 변덕?

반려견의 상태가 평소와 다르면 몸 컨디션이 좋지 않은 것일지 모른다. 산책을 내켜 하지 않는 시그널 외에도 식욕이 없다, 잠만 잔다, 왠지 끙끙거린다, 반대로 심하게 응석을 부린다 등 반려견이 보이는 변화를 놓치지 않는 것이 건강 이상을 발견하는 중요한 포인트다.

걱정했지만 검진 결과 다행히 병이 아니라면 안심할 수 있다.

"오늘은 집에서 이렇게 있고 싶다."
이런 날도 있잖아요.

반려견의 정상 상태를 알아두자

반려견의 건강 상태를 수첩 등에 정리해두면 편리하다. 매일 기록을 차곡차곡 쌓아가면 반려견의 '정상'을 파악할 수 있다.

만일의 사태에도 평소의 건강 정보가 매우 큰 도움이 된다. 또한 사진이나 동영상 기록도 요긴하다.

수첩에는 기록일과 그날의 상태를 점검해 기입한다.

식사, 체중, 기분, 식욕, 산책 상황, 배설물의 상태 등을 기본적으로 확인한다. 몸을 체크할 때는 만져보고 열이 나지 않는지 콧물, 눈곱, 털의 윤기, 살갗에 비듬이나 가려움증이 없는지, 잇몸 색에 변화가 없는지, 구취가 나거나 치석은 없는지, 귀가 지저분하거나 냄새가 나지 않는지 등을 항목별로 세세하게 살피면 좋다.

이렇게 데이터가 쌓이면 일상의 변화를 확인하기 쉬울 뿐 아니라 과거를 돌아보아 체중 증감이 언제부터 나타났는지, 또한 이것이 식사나 배설물과 관계가 있는지 등도 쉽게 진단할 수 있다. 걷는 모양이나 이상 행동, 기침과 구토, 경련 등을 설명할 때는 동영상 자료가 있으면 이후 수의사에게 설명하기 쉽다.

다리가 아파서 잘 걷지 못한다

나이를 먹으면 무릎이 아파요

조심해야 할 부상

다리 통증을 호소하는 부상에는 골절, 타박상, 탈구, 외상 등이 있다. 토이 푸들, 이탤리언 그레이하운드 등 다리가 가는 견종은 뼈가 쉽게 부러지므로 뛰어내리면서 사고가 나지 않도록 주의한다. 다리 변형이나 부기, 아픈 듯 절거나 아예 걷지 못하는 등 보행 이상을 보이면 의심해보자.

신체 크기와 상관없이 뛰어내릴 때의 충격 등으로 탈구하는 경우도 있다. 통증이 가라앉으면 탈구한 상태 그대로 지낼 수 있으므로 조기에 발견하는 것이 중요하다.

노화로 인한 관절염

사람과 마찬가지로 개도 연골 노화 등으로 관절염이 생긴다. 연골의 쿠션성이 떨어지면 뼈와 뼈 사이에 마찰이 일어나 통증을 느낀다. 걷는 모습이 이상하고 걸으려 하지 않는 등의 이상 행동을 통해 발견하게 된다. 연골은 재생되지 않으므로 완치가 불가능하지만 아직 움직일 수 있는 상태라면 가능한 한 운동을 지속하면서 근력을 유지한다. 비만이 되면 관절에 부담이 가서 이른 나이에 발병하기도 한다.

견종에 따라 주의할 다리 부상

토이 푸들이나 치와와 등 소형견에게 위험한 것이 슬개골 탈구이다. 슬개골(무릎뼈)이 안쪽으로 빠지며 서서히 무릎을 펴지 못하게 된다.

레트리버종이나 저먼 셰퍼드 등 대형견은 고관절 형성부전을 주의해야 한다. 생후 1살 무렵까지 나타나는 경우가 많다. 뒷다리 상태가 이상하고 허리를 비틀며 걷는다든지, 옆으로 앉는 등의 증세를 보인다.

아직 어릴 때 발병한 경우 운동은 제한하지 않고 다리와 허리를 충분히 성장시키는 것이 중요하다. 악화되면 외과적 처치를 하기도 한다.

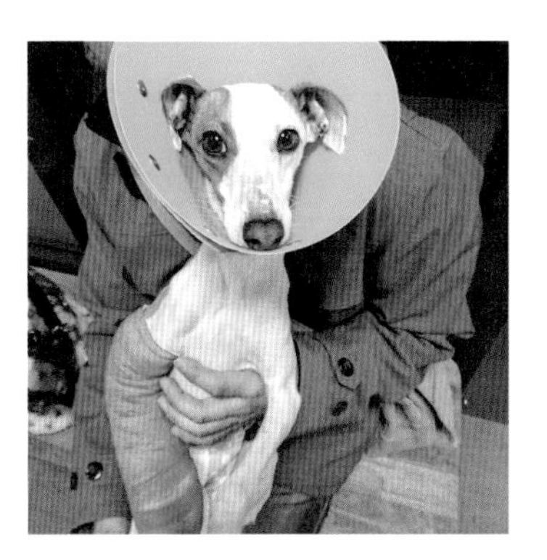

"오른발이 부러졌어요.
빨리 나아서 달리고 싶어요."

기침이 난다

큰 질병을 숨기는 경우도 있다

왜 기침을 할까

흥분하거나 공기가 안 좋아 사레 들리는 정도라면 걱정이 없지만, 호흡기 질환이나 병이 있을 수도 있다. 호흡기에 문제가 있다면 호흡이 거칠어지고 괴로운 듯 숨을 내쉬기도 한다. 정상 호흡 상태를 알고 있으면 이상을 보다 빨리 파악할 수 있다. 통상적인 개의 호흡수는 1분에 20~30회가량이다. 주 1회 정도 반려견이 안정을 취할 때 호흡수를 세어두도록 하자.

이런 증상엔 병원에

가벼운 기침이라도 오래 지속하거나, 정도가 심하면 중증화될 수 있으므로 병원을 찾는다. 진찰실에서는 개가 바로 기침을 하지 않으므로 동영상을 준비하면 진찰에 도움이 된다. 기침으로 의심해볼 수 있는 질병은 다음과 같다.

- **기관허탈 :** 기관지 변형으로 거위 울음 소리 같은 특이한 기침을 한다. 심하면 혀를 내밀고 숨을 헐떡거리는 팬팅을 하거나 호흡 곤란이 온다.
- **케넬코프(개 전염성 기관지염) :** 바이러스나 진균에 감염(감염성)되거나, 먼지와 꽃가루 등을 흡입(알레르기성)해 일어나는 기관지염. 마르고 짧은 기침이 발작적으로 나온다. 강아지나 노령견의 경우는 중증화되기도 한다.
- **승모판막 폐쇄 부전증 :** 개에게 가장 많은 심장 질환으로 목에 뭐가 걸린 듯한 기침, 사레 들린 듯한 기침이 나온다. 고령의 소형견에게 많은 질병이다.
- **심장비대 :** 기관지가 압박을 받아 마른기침이 계속된다.
- **홍역 :** 콧물과 기침, 재채기 등 호흡기 증상과 경련 등 신경 증상이 나타난다.
- **폐렴 :** 세균, 바이러스 감염이나, 알레르기 등으로 인해 발병한다. 기침과 발열, 호흡 곤란을 보인다.
- **개 사상충증(개 필라리아증) :** 마른기침과 가쁜 호흡이 나타난다.

안정 시의 호흡수를 알면
이상이 있을 때 비교할 수 있다.

재채기와 콧물…감기일까?

사료 냄새도 맡지 못한다면 치료가 시급

코 질환은 개에게 큰 문제

재채기나 콧물은 코나 기도에 붙은 바이러스와 먼지 등 이물질을 체외로 배출하는 반응이다. 한편 이물질이 들어와 염증 등을 일으키는 것이 코 질환이다. 개에게 코는 시각 못지않게 중요한 기관이다. 체내 수분을 조절하는 역할도 한다. 코 질환은 생활에 지장을 초래하고 식욕 부진이나 기력 저하 등을 유발한다.

개는 감기에 걸리지 않는다!?

개는 사람처럼 춥다고 콧물을 흘리지 않는다. 재채기, 콧물이 난다면 다음과 같은 질병을 의심해볼 수 있다.

"그르렁거리며 콧소리가 나는데
이거 감기일까요?"

- **비염 :** 비강에 세균이나 먼지가 들어가서 생기는 점막의 염증. 중증화되면 끈적한 콧물이 나온다. 세균 감염이라면 항생제와 소염제를 함께 사용하고, 알레르기가 원인이라면 항알레르기제를 투여한다. 면역력을 키우는 것도 중요하다.
- **축농증 :** 비염이 만성화해 염증이 발생한 상태로, 치주병이나 비강 내 종양이 원인인 경우도 있다. 비염 증상에 더해 괴로운 듯한 호흡을 한다. 원인에 맞춰 항생제를 투여하고, 치주병이 원인이라면 이를 치료한다.
- **비강협착증 :** 비공 형태가 원인으로, 퍼그나 프렌치 불도그 등 단두종에게 많은 질환이다. 입으로 호흡을 하게 되고 목 염증이 잘 발생한다. 심한 상태가 아니면 우선 증상만 처치하는 보존요법을 한다. 체온 조절에 주의하고 비만이 되지 않도록 한다.
- **역재채기(리버스 스니징) :** 숨을 거칠게 들이쉬는 증상으로 발작성 호흡이라고도 한다. 소형견이나 단두종에게 많이 보이며, 흥분하면 나타날 수 있다. 질병이 아니므로 상태를 지켜본다. 개에 따라 다르지만 가슴이나 콧날을 가볍게 만져주거나 코끝에 입김을 불어주면 완화되는 경우가 있으므로 방법을 찾도록 하자.

변이 이상하다

배설물은 건강 상태의 바로미터

건강 정보의 보고

배설물을 점검하여 많은 정보를 얻을 수 있다. 소변이라면 색이나 배설 상태, 변이라면 굵기와 색을 살피고, 각각의 횟수도 체크한다. 평소와 달리 의심스러운 배설물이 보인다면 몸에 이상이 생겼을 가능성이 있다.

평소와 다른 대변

변의 이상에는 설사, 변비, 혈변 등이 있다. 변의 상태는 식사나 환경 등의 영향이 크다. 스트레스를 없애고 소화 흡수율이 좋은 양질의 사료를 섭취함으로써 건강한 변을 기대할 수 있다. 사료에 곡물의 함량이 너무 많으면 변의 양이 많고, 영양을 충분히 섭취하지 못할 수 있다.

설사 : 장내 세균 균형이 무너지거나, 소화 기관 내 기생충증, 바이러스 감염, 장염 등이 원인이다.

소화불량으로 나타나는 경우는 과식, 과음, 맞지 않는 사료, 스트레스 등을 생각해볼 수 있다. 발열과 구토를 동반하면 소화기 질환을 의심한다.

- 소장성 설사 = 1회 배변량이 많고 흑색 타르 상태의 혈변이나 물 같은 변.
- 대장성 설사 = 횟수가 많아지고, 점액과 함께 배설한다. 무른 변일 경우가 많다.
- 스트레스로 인한 신경성 설사 = 일과성인 경우가 많다.
- 세균 감염·바이러스 감염에 의한

설사 = 혈변이 보이는 경우도 있으며 탈수, 발열 증상을 동반한다.

설사가 보이면 일단 식사를 거르고 탈수가 일어나지 않도록 물을 충분히 공급하면서 상태를 잘 살핀다.

먹는 것이 없는데도 낫지 않고 2~3일이나 설사가 지속되면 병원에 가서 진찰을 받는다.

변비 : 변이 4일이나 나오지 않으면 변비라 볼 수 있다. 장내 세균 환경이 악화되거나, 신경성 변비 혹은 수분이나 식이섬유가 적은 사료로도 변이 딱딱해진다. 배 마사지를 해주거나 수분을 충분히 섭취하고 식이섬유가 풍부한 식사를 하면 개선된다.

혈변 : 장염이나 항문 주변의 문제로 일어난다. 출혈 장소에 따라 혈변의 색이 달라지므로 발견했다면 관찰하고 진찰할 때 참고할 수 있도록 사진을 찍어두자.

- 변에 혈액이 섞인 혈변 = 대장에서의 출혈을 생각할 수 있다.
- 변 전체가 거무스레한 혈변 = 구강, 위, 십이지장, 소장에서의 출혈을 의심하며, 개구충 기생이나 과도한 육식으로 검게 되기도 한다.
- 변 표면에 잠혈이 묻어 있는 혈변 = 대장에서 항문 부근의 출혈을 생각해 볼 수 있다.
- 붉은 설사 = 음식물 알레르기나 세균성 장염을 의심한다.

이물질이 섞여 있다 : 사료가 맞지 않거나, 소화가 잘되지 않는 것, 먹어서는 안 되는 것을 섭취했을 수 있다. 또한 장내 환경이 좋지 않은 문제도 원인 중 하나.

장내 환경을 개선하자

장내 환경을 개선해 건강을 유지한다. 개도 사람과 마찬가지로 유익균, 유해균, 기회균 3군의 장내 세균이 있으며, 이들의 균형이 잘 잡혀 있어야 좋은 상태이다. 스트레스나 생활 습관이 좋지 않으면 장내 환경에도 문제가 생긴다.

유해균이 우세하면 유해한 암모니아가 발생하는 등 질병의 위험이 높아진다. 유산균으로 대표되는 유익균은 유해균을 억제해 장 기능을 활성화시키며, 면역력을 유지하고, 혈당을 조절하는 등 좋은 작용을 한다. 원인 불명의 변비나 설사를 반복한다면 장내 환경이 나빠졌다는 신호이다.

식생활이나 생활환경을 점검하고, 유익균을 늘려서 장내 환경을 개선할 수 있다. 발효성 식이섬유인 곡물, 고구마, 올리고당, 버섯류, 과일을 추천. 유제품이라면 요구르트나 염소 우유, 유산균 건강기능식품은 개의 장내 유산균을 늘리는 데 효과적이다.

소변 상태가 이상하다

색이나 냄새가 평소와 다르다면 주의

소변 상태를 본다

소변은 신장에서 생성되어 요관을 통해 방광으로 모이고, 요도의 개구부로 배출된다. 소변 이상은 이 경로에 문제가 생겨 나타난다. 보이는 상태나 냄새로 확인 가능한 증상으로 다음과 같은 것이 있다.

- **짙은 황색 :** 수분 부족으로 인해 농축된 소변으로, 탈수 증상을 의심할 수 있다. 특히 동절기에는 물 섭취량이 감소하므로 주의하자.
- **빨강이나 짙은 갈색 :** 피가 섞여서 나타나는 것으로, 비뇨기계 질환일 가능성이 있다. 방광이나 요도에 세균 감염을 일으키는 방광염 등을 의심한다.
- **옅은 색 :** 물을 많이 마신다면 만성 신장 기능장애, 당뇨병(P.150), 쿠싱 증후군(P.131) 등이 의심된다.
- **반짝반짝 :** 소변에 반짝거리고 까끌까끌한 느낌이 있다면 이는 인산암모늄마그네슘이나 옥살산칼슘 등의 결정이다. 소변의 pH 변화로 결정이 생겨, 방치하면 요로결석이 된다. 소변을 보기 힘들어지거나 방광에 결석이 생기는 요석 증상이 나타나 위험하다.
- **냄새가 심하다 :** 방광염 등 요로의 염증을 생각해볼 수 있다.
- **탁하다 :** 암컷의 경우 자궁이나 질의 염증이나 발정 혹은 자궁축농증으로 인한 분비물로 탁해지기도 한다. 방광염일 가능성도 있다.

실내에서 참다가 실외에서만 배설하는 습관은 방광염에 걸리기 쉬우므로 실내에서도 가능하게 훈련한다.

혈뇨가 나왔다면

패드 등이 붉게 물들어 발견하기도.

- **방광염 :** 암컷에게 압도적으로 많고 세균으로 인해 방광에 염증이 나타난다. 잔뇨감으로 배설이 잦다. 대개는 항생제 투여로 치료한다.
- **요로결석증 :** 요로에 결정이나 결석이 생기는 질병으로, 결석이 요도나 요관 벽에 상처를 내서 통증이 심하다. 미네랄과 단백질이 굳어진 것이 원인이므로 식생활을 바꾸고 수분을 많이 섭취한다.
- **전립선염 :** 수컷에게 나타나는 질환으로 방광과 요도의 세균 감염이 원인. 소변이 잘 나오지 못하고 혈뇨가 보이기도 한다. 항생제를 투여해 치료한다.
- **방광종양 :** 방광에 생기는 종양으로 가장 많은 것이 이행상피암. 방광염, 결석과 증상이 비슷해 초음파로 정확하게 진단한다.

먹은 것을 토한다

개는 사람보다 잘 토한다

구토의 원인을 찾는다

반려견이 구토할 경우 문제가 없는 케이스와 문제가 있는 케이스가 있다. 문제가 없는 구토는 공복이나 과식, 불안 증세, 차멀미 등 생리 현상으로 인한 것이다.

이 경우가 아니라면 잘못된 것을 먹었거나 병적인 것일 수 있다. 병을 잘 드러내려 하지 않는 개의 습성에도 불구하고 병적으로 토하는 것은 감추기 힘든 몸의 반응이다.

구토의 타입

사람의 식도가 평활근으로 조직되어 있는 데 비해, 개는 횡문근이라 되새김질을 하기 쉽다. 따라서 개는 사람보다 잘 토한다. 여기에는 토출, 구토, 연하곤란 3종류가 있다.

- **토출 :** 위에 도달하기 전 소화되지 않은 음식물을 토해내는 것으로, 아무 전조가 없이 갑자기 일어난다.
- **구토 :** 위 내용물이 복벽의 수축으로 올라오는 것으로 얼마간 소화된 상태로 내뱉는다. 또한 위액이나 담액이 함께 보이기도 한다.
- **연하곤란 :** 삼키지 못한 음식물을 뱉어내는 것이다.

구토의 양상에 따른 증상

진정될 기미 없이 계속 토하거나, 복통이 있거나 설사를 동반하는 구토는 문제이다. 이럴 때는 물을 마시게 해도 토하므로 삼간다.

특히 무서운 것은 대형견이 식후에 운동을 했다가 나타나는 위염전증이다. 위가 꼬여 있어 복부는 빵빵하게 팽만하고 계속 토하므로 외과적 응급처치가 필요하다. 통증이 매우 심해 빨리 대처하지 못하면 쇼크 상태에 빠질 수 있다.

- **괴로워하면서 토한다, 토하려고 해도 아무것도 나오지 않는다 :** 이물질을 삼키는 오연 등 위에 문제가 발생했을 수 있다.
- **먹은 것을 삼키지 못하고 토한다 :** 식도나 목 부근의 이상을 의심해볼 수 있다.
- **혈변이나 설사를 동반한다 :** 개 파르보바이러스 감염증(P.122)이나 위장염 등으로 인한 문제일 수 있다.
- **경련이나 떨림을 동반한다 :** 중독 증상을 생각할 수 있다. 어린 강아지의 경우 드물게 회충을 토하는 일이 있다. 바로 병원에서 구충한다.

토사물을 보관하거나 사진으로 찍어 지참하면 진찰에 도움이 된다.

잘 일어나지 못한다

뼈나 근육의 문제 외 뇌신경 질병에도 유의

의심되는 질병은?

잘 일어서지 못한다, 걷지 못한다 이런 증세가 있다면 우선 근육·골격에 연관된 질병을 생각해볼 수 있다. 고관절 형성부전이나 슬개골 탈구(P.121)라면 낙상하거나 벽과 가구에 부딪힐 수 있으므로 보호대를 댄다. 미끄러지기 쉬운 나무 바닥에는 카펫이나 매트를 깔아서 대처하자.

뇌·신경과 관련된 질병으로는 다음과 같은 것이 있다.

추간판 탈출증 : 흔히 디스크라고 한다. 척추뼈와 척추뼈 사이 쿠션 역할을 해주는 추간판이 튀어나와 척수를 압박하고, 다리나 허리의 마비로 배설과 보행이 힘들어지는 질환이다. 염증을 억제하는 치료나 외과적 치료를 한다. 과격한 운동으로도 발병할 수 있다.

변형성 척추증 : 흉추 13개와 요추 7개 중 어딘가 사이의 추간판이 삐져나와 뼈끼리 스쳐 부딪치는 질환이다. 그 결과 통증이 발생하고 꼬리뼈를 흔들지 못하게 된다. 방치하면 추간판 탈출증으로 발전할 수 있다.

전정 장애 : 귓속 내이의 전정 기관에 문제가 생긴 것이다. 전정은 평형 감각을 담당하는데, 노령견에게 잘 나타난다. 갑자기 머리를 기울이고, 검은자가 계속 도는 안구진탕 증세를 보인다. 또한 한쪽 방향으로 돌기도 하고 서 있기 힘들어한다. 머리를 부딪히지 않도록 받쳐준다. 식사도 어려워져서 일시적으로 식욕이 떨어지지만 서서히 회복된다.

뇌척수 종양 : 뇌종양과 척수종양에 걸리면 몸이 기우뚱하거나 휘청거림 등 행동에 변화가 나타난다. MRI 검사로 발견한다. 척수종양의 증세는 추간판 탈출증, 관절염과 매우 유사하다.

뇌전증 : 견종에 관계없이 발병하는 유전적인 질병으로, 경련 발작을 반복한다. 뇌전증이 나타나는 타입은 몇 가지가 있다. 온몸에 힘이 들어가고 쓰러져서 경련을 일으키는 전신 발작과, 한쪽 다리나 반신에 경기가 나타나는 부분 발작으로 크게 나뉜다.

발작은 바로 진정되며, 끝나면 아무 일도 없었다는 듯 일상으로 돌아간다. 3개월 동안 1회 이상 발작이 나타나면 치료를 개시한다. 그 이상 방치하면 생명을 위협하게 된다.

치료는 항간질제를 이용한 약물 요법, MCT 오일(중쇄지방산)이 함유된 식사요법, 좌약 등이 있다.

갑작스러운 발작에 대비해 상비약을 처방받는 경우도 있다. 발작 횟수와 혈액 내 약의 농도를 보면서 투약

량을 정해간다.

뇌전증 발작을 동영상으로 기록해 두면 진찰에 도움이 된다.

강아지용 휠체어와 의족

사고나 질병으로 사지를 잃어도 강아지용 휠체어나 의족을 이용하면 보행이 가능하다.

일반적으로 강아지용 휠체어는 이륜 타입이 주류이나 앞다리와 뒷다리 모두 약해진 경우를 위해 사륜 타입도 있다. 의족은 결손된 다리 형상이나 기능을 보조하기 위해 장착하는 인공 다리다.

또한 시력을 잃은 개를 위해 경량화된 엔젤링이라고 하는 보조 기구도 개발, 판매되고 있다. 이것을 장착하면 장애물에 부딪히는 감각이 몸에 전달되어 피해서 다닐 수 있게 된다. 이로써 불안감을 줄이고, 일상생활 범위가 넓어진다. 또한 운동량이 증가하며 생활이 한결 원활해진다.

반려견을 위한 보조 기구

강아지용 휠체어

뒷다리 마비 등으로 인해 서지 못하는 반려견이 보행할 수 있도록 돕는다. 가볍고 견고한 경량 알루미늄 소재로, 기본적으로 견종이나 체격에 맞춰 주문 제작한다. 구입 후 체형 변화에 맞춰 사이즈 조절이 가능한 타입도 있다. 뒷다리 홀더나 몸통 지지대 등이 있어 균형을 잡기 쉽게 한다. 다만 반려견 입장에서 휠체어를 장착하는 것은 당황스러운 일이므로 상태나 증상에 맞는 제품을 잘 선택하자. 다리를 끌며 걷는 반려견을 위한 보조기도 있다.

의족

절단된 부위가 위쪽으로 올라갈수록 보행이 힘들고, 반대로 남아 있는 다리가 길수록 의족에 힘을 전달하기가 수월하다. 의족을 장착하고 휠체어를 이용해 재활에 임하는 경우도 있다. 이 모두는 반려견이 자립해서 질 높은 생활을 할 수 있도록 도움을 주기 위함이다.
상어에게 앞발을 잃은 붉은바다거북이 의족을 장착하고 수영을 하게 된다든지, 태국에서는 2t 코끼리가 의족을 장착하고 보행하게 된 사례가 있다.

수영장에서 하는 재활 운동은 몸에 부담을 줄이고 근육을 강화한다.

생활 습관에 문제가 있다?

생활 습관이 요인인 질병을 일반적으로 생활 습관병이라 한다

생활 습관병이 늘고 있다!?

오늘날 '문명병'이라고도 불리는 생활 습관병에 유의하는 사람이 많은데, 이런 추세는 반려견에게도 마찬가지다. 반려견의 수명이 늘어나면서 중·고령견에게 생활 습관병이 증가하고 있다.

식생활이 풍요로워졌지만 한편으로 고칼로리나 고지방이라든지, 해로운 첨가물 섭취, 실내 사육으로 인한 운동 부족, 다양한 스트레스 등 요인도 사람과 똑같다. 생활 습관병은 기하급수적으로 증가하는 추세이므로 미리 철저한 대비가 필요하다.

비만으로 인한 당뇨병

반려견도 당뇨병이 늘고 있다. 물을 많이 마시고 소변을 자주 보는 다음·다뇨, 기력 저하, 설사와 구토, 체중 감소 등의 증상이 나타난다. 발병하면 완치는 어려우나 식생활을 개선하고 혈당 수치를 낮추는 식사로 바꾸어 대처한다. 집에서 인슐린 주사를 맞는 경우도 있다. 진행되면 합병증을 일으킬 위험이 높아진다.

유전적 요인도 있어서 비만의 위험성이 높은 견종이 걸리기 쉽다. 또한 치주병이 악화의 요인이 되기도 한다. 예방을 위해 적절한 식사량과 운동, 이 닦기, 스트레스 없는 생활을 명심하도록 하자.

고령에 증가하는 심장병

개의 심장병 중에 가장 많은 것이 승모판막 폐쇄 부전증(P.142)이다. 나이가 들면서 발병 위험이 높아진다. 산책 중에 갑자기 멈춰 서거나 쉽게 피로한 기색을 보인다면 주의 관찰한다. 심장 내 역류나 폐쇄 부전을 일으키며 심박 출량 저하로 심장비대 증상이 나타나거나, 심잡음이 들리고 심박수가 많아진다. 좌심방이 비대해져 기관의 일부가 눌리며 기침이 나온다. 또한 폐에도 혈액이 고여 폐부종을 일으킨다. 평소 안정 시의 심박수를 알고 있으면 조기에 증상을 발견하기 쉽다.

그 외 심장 질환으로 선천성 심혈관 기형의 동맥관 개존증, 심실중격 결손증, 심근 기능이 서서히 저하되는 확장형 심근증, 기생충 감염인 개 사상충증 등이 있다.

조기 발견이 중요한 암

10세 이상 노령견의 사인 중 톱은 암이다. 다행히 수의학의 발전으로 반려견의 암을 발견하기 쉬워지고 치료의 선택지도 다양해지고 있다.

무엇보다 중요한 것은 사람과 마찬가지로 조기 발견·조기 치료이다. 종양이 작을 때 발견하면 외과 수술이나 방사선 치료, 항암제 등으로 생존율이 높아진다. 조기 발견을 위해 7세가 넘으면 정기검진을 빼먹지 말고 매일 관찰과 스킨십을 통해 몸에 멍울이 없는지, 체중이나 식욕에 변화가 없는지 확인하자.

첨가물이 많이 들어간 음식이나 스트레스가 암 발생률을 높인다. 식단을 재점검해 면역력을 높이고, 필요한 영양소를 충분히 섭취한다.

생활 습관병 예방하기

생활 습관병은 평소 습관에 요인이 있으므로 일상생활에서 예방할 수 있다. 반려견의 생활 습관에 지대한 영향을 미치는 것은 오직 보호자뿐이다.

비만이 되지 않도록 한다 : 비만은 고혈압을 초래하고, 심장 질환, 당뇨병, 관절염(P.141), 호흡기 질환, 추간판 탈출증(P.148) 등의 위험성을 높인다. 몸에 좋은 장점이 일절 없다. 간식은 피하고, 과식에도 주의하자.

치주병에 걸리지 않도록 한다 : 세균을 삼켜서 심장이나 내장 기관에 영향을 미친다. 또한 구강 내 종양의 원인이 되기도 한다. 이 닦기를 습관화해 예방한다.

운동 부족이 되지 않도록 한다 : 운동 부족은 비만을 유발하고 스트레스의 요인도 된다. 운동은 비만 예방 외에도 근육을 비롯해 신체 기능을 유지하며, 혈행 장애 등의 문제를 개선해 준다.

불필요한 스트레스를 주지 않는다 : 스트레스로 면역력이 저하되면 병이 생기기 쉽다. 반려견이 즐겁고 쾌적하게 생활할 수 있도록 평소 주의를 기울이자.

생활 습관병 예방에 운동은 필수.
보호자도 함께 운동을 하게 된다.

반려견이 특히 주의해야 할 질병

걸리면 위험한
질병에는 더욱 주의하자

◉악성 종양(암)

유선종양 : 10세 이상 암컷에게 많이 나타난다. 유선에 응어리나 커다란 멍울이 생긴 것으로 양성과 악성이 50%씩이다. 작을 때는 양성일 가능성이 높으나 커지면 악성화되므로 소형일 때 발견해 부분 절제나 편측 유선 절제를 한다. 【증상】 유선 멍울은 가정에서 촉진으로 쉽게 발견할 수 있다. 【예방】 여성호르몬이 발병에 관여하는 것으로 알려지므로 이른 연령기에 피임 수술을 한다.

악성 림프종 : 혈액 내 림프구 종양으로 아래턱, 어깨 앞부분, 겨드랑이 아래, 무릎 안쪽 등 림프절에서 부기가 나타난다. 진행이 빠르고 발견 시에는 이미 전이가 진행되었을 가능성이 있다. 항암제 치료나 건강기능식품으로 연명을 기대한다. 【증상】 대부분이 몸 표면의 림프절이 붓는 다중심형이며 각 림프절의 멍울로 의심한다. 【예방】 원인 불명. 올바른 식사와 스트레스 관리가 중요하다.

비만 세포종 : 피부나 피하에 발생하는 악성 종양. 피부에 생기는 작은 멍울인 경우 적출해서 낫는 경우도 있다. 그러나 악성 정도가 심하면 성장과 진행이 빠르고 림프절과 그 외 장기에 전이해 목숨을 위협한다. 【증상】 대개 피부에 멍울이 발생하며 내장 전이도 진행된다. 【예방】 명확한 예방법은 없고 조기 발견에 노력하자.

편평 상피암 : 구강 내 점막인 잇몸이나 발톱 뿌리 부분에 발생하는 악성 종양. 전이성이 낮아서 조기에 발견해 제거하면 완치 가능하다. 【증상】 피부, 발톱 주위나 구강 내 종양이 생겨 조직으로 퍼진다. 【예방】 조기에 절제하면 생명을 연장할 수 있다.

모든 암은 멍울 외 식욕 부진, 구토, 체중 급감 등의 증상을 동반한다. 면역력 증진에 힘을 써 몸 상태를 개선하고 생활의 질(QOL)을 유지하면서 기력과 식욕을 회복한다.

◉감염증

참진드기로 감염되는 중증 열성 혈소판 감소 증후군(SFTS) : SFTS 바이러스를 보유한 참진드기로 인해 매개되는 감염병이다. 2009년 중국에서 처음 보고된 신종 전염병이며 2차 감염의 위험까지 있어 세심한 주의가 요망된다. 야생 사슴이나 라쿤에서 개나 고양이를 통해 사람에게까지 감염이 이어진다. 【증상】 일반적으로 무증상이지만, 발열과 식욕 감퇴 그리고 혈소판 감소로 출혈 증상이 나타나기도 한다. 【예방】 풀숲에 들어가지 않는다. 사람도 긴소매, 긴바지, 장갑을 착용해야 할 정도이므로 맨발의 개는 더욱 위험하다.

광견병 : P.122에서도 설명했듯 광견병은 사람과 개 모두 치사율이 100%에 이르는 치명적인 질병이다. 여우, 박쥐 등 야생동물의 바이러스가 개에게 전염되어 침을 통해 사람에게까지 전파된다. 다른 개와의 접촉을 통해서도 감염되므로 집에서 키우더라도 반드시 백신을 접종한다. 세계적으로 3만 명이 광견병으로 사망한다는 보고가 있으므로 방심은 금물. 【증상】 식욕부진, 마비, 흥분해서 입질, 흉포화 등 이상행동을 보인다. 【예방】 연 1회 광견병 백신 접종을 한다.

개 사상충증(개 필라리아증) : 0.3mm의 마이크로필라리아가 중간숙주인 모기에게 빨려 들어가 감염 유충이 되어 다시 모기의 흡혈로 개의 체내에 침입한다. 전염된 사상충은 혈류로 폐동맥에 도달해 25~38cm나 되는 성충으로 커져서 기생한다. 최종적으로는 심부전이나 호흡 곤란을 일으켜 죽음에 이르는 질병이다. 【증상】 초기에는 식욕 부진, 콜록거림 정도이나 진행되면 체중 감소, 거친 호흡, 복수 등이 나타난다. 【예방】 월 1회 구제약 복용이 일반적. 피부에 바르는 타입이나 주사도 있다. 모기 출현 1개월 전부터 사라진 1개월 후까지 이런 예방약을 사용한다. 사람도 모기가 매개가 되어 지카바이러스 감염증이나 뎅기열에 걸리기도 하므로 모기 방제에 유의한다.

◉그 외 질병

스트레스가 원인으로 나타나는 질환 : 과도한 스트레스로 설사, 피부염, 불안 행동, 공격 행동, 과식 행동, 상동행동(불분명한 목적으로 같은 행동을 반복하는 것) 등을 보인다. 원인은 홀로 집 지키기나 환경 변화 등의 스트레스로 저항력이 약해지기 때문이다. 【예방】 '5가지 자유'(P.42)를 충족시키는 것이 대전제다.

급성 췌장염 : 췌장의 소화효소 트립신이 과도하게 활성화해 췌장 내 염증을 일으키는 것이다. 중증화하면 다른 장기에도 영향을 미치며 생명까지 위협할 수 있다. 고지방 식사, 면역 개재성, 약제, 유전성 등이 원인으로 꼽힌다. 【증상】 돌발적인 구토나 설사, 심한 복통을 동반. 【예방】 건강한 식생활을 하는 것이 가장 좋은 예방이다.

'배 속을 좀 살펴볼까?'
단골 병원 의사 선생님은 언제나 든든합니다.

건강 편

PART 4

마음 읽기

스트레스로 인해 우울증과 신경증을 앓는 개가 늘고 있다.

스트레스의 원인을 없앤다

환경, 가족과의 관계, 식사와 산책, 반려견이 받는 스트레스의 대부분은 생활 속 어딘가에 있고, 이러한 환경을 만드는 것은 전적으로 우리 보호자이다. 반려견의 마음의 건강이 무너졌다면 안타깝지만 어쩌면 우리 탓일 수도 있다. 사람의 경우 인간관계나 일, 질병 등의 스트레스를 완전히 해소하기가 쉽지 않으나, 반려견의 스트레스는 보호자의 의지로 얼마든 해결할 수 있다.

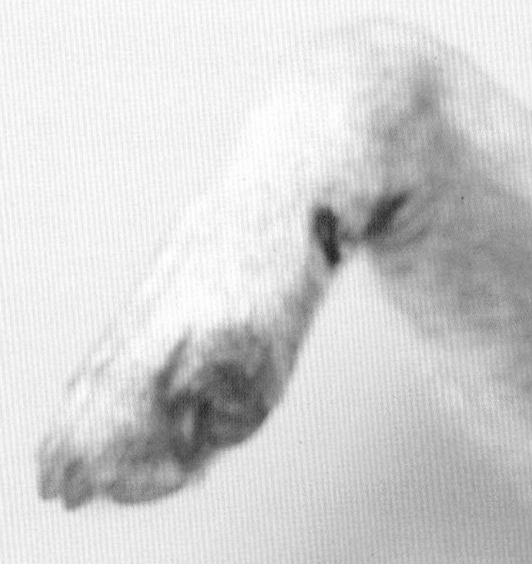

기분이 가라앉는다

개도 슬픔과 괴로움을 느낀다

마음이 있으니 병도 생긴다

'마음'의 존재를 설명하기는 어렵지만, 최근 뇌 연구가 발전하면서 본질이 조금씩 밝혀지고 있다. 이는 개도 마찬가지여서, MRI(자기공명영상장치)로 다양한 자극에 대한 뇌의 반응을 조사한 결과 개도 감정이 있다는 사실을 확인할 수 있었다. 예를 들어 개에게 긍정적인 정보를 제공하면 뇌의 꼬리핵이라는 부위가 도파민에 의해 강하게 반응한다. 또한 칭찬을 해주면 그 '단어'와 '어투'를 듣고 판단한다는 사실도 알게 되었다.

개도 좋은 것과 싫은 것이 있으며, 이에 대해 기쁨이나 슬픔과 같은 감정을 갖는다. 강한 스트레스가 지속되면 우울증을 앓는다. 또한 개나 고양이 모두 보호자의 사망에 큰 심리적 타격을 받으며 신경증을 앓기도 한다.

개가 주의할 심리적 질병

개의 마음의 병에 병명을 붙이기는 어려우나 이상행동 등의 증상, 이에 대한 투약 치료 반응 등을 통해 사람의 병명에 대입하면 개에게도 다음과 같은 질병이 나타나는 것으로 본다.

불안이나 외로움, 지루함으로 인한 스트레스나, 천둥이나 불꽃놀이의 큰 소음, 화풀이나 구타의 공포 등이 원인이 된다. 다만 스트레스나 공포를 느끼는 방식은 개에 따라 각기 다르기 때문에 어디까지는 괜찮고 그 이상이면 병이 된다는 식의 명확한 선 긋기

놀이와 운동, 소통이 원활하면 마음이 건강하다.

건강편 PART 4 마음 읽기

는 어렵다. 반려견과 소통하는 과정에서 파악하도록 한다.

신경증, 우울증 : 집을 자주 비우거나 가정 내에서 접촉이나 교류가 적다든지 하는 상황에서 불안이 원인이 되어 나타난다. 보호자의 귀가나 놀이에 반응을 하지 않거나, 사람이나 친구의 교류를 피하기도 한다. 또한 실내를 서성인다든지, 식욕 감퇴 등도 나타난다. 보호자를 피하는 듯하면 이미 중증이다. 가구를 파괴하는 등 흉포하게 되는 경우도 있다.

외상 후 스트레스 장애(PTSD) : 심한 공포나 스트레스가 트라우마가 되어 정신적 고통이 남는 것이 PTSD다. 재해나 학대 등의 괴롭고 힘든 경험을 한 개도 PTSD를 겪는다. 일반적인 증상은 공포, 불면증, 식욕 부진, 구토, 설사 등이다. 행동 변화로는 흉포화, 보호자와 분리 불안 장애, 혼자 있을 때 패닉 상태가 되기도 한다. 신경질적인 개일수록 증상이 중하게 나타난다.

식욕 감퇴, 기력 저하 등의 증상은 다른 질병의 가능성도 있으므로 평소와 다른 양상을 보인다면 우선 진찰을 받도록 하자. 나아가 불안 요소를 제거하고 안정을 취할 수 있는 장소를 만드는 등 환경 개선도 필요하다. 혼자 있는 시간이나 소리에 익숙해지는 연습도 한다. 증상에 따라서는 항우울제나 신경안정제를 처방받을 수 있다.

이 외에도 상동 행동(규칙적으로 반복되는 행동 가운데 목적이나 기능이 불확실한 행동)이나 분리 불안과 같은 '문제 행동'(P.159)은 공포와 불안 등 '마음의 불안정'으로 인해 발생하는 비정상적인 행동이며 이것도 마음의 병이라 할 수 있다.

유·소아기를 부모 형제와 함께 보내는 것은 개의 성장에도 매우 중요하다.

마음의 병을 예방하려면

애정을 쏟고 반려견의 마음을 헤아려준다. 공포와 불안, 스트레스의 원인을 없애는 것이 최고의 예방법이자 치료이다. 그러나 유감스럽게도 모든 공포와 스트레스를 완전히 제거하기 힘든 것도 사실이다.

예컨대 학대나 개의 본능을 무시한 훈육은 있어서는 안 되고 피할 수 있지만, 천둥과 같은 상황은 불가피하다. 또한 병원을 싫어하는 개도 많지만 그렇다고 가지 않을 수는 없다. 이 닦기도 반드시 해야 한다. 트레이닝도 개에게는 스트레스일 수 있다. 안전하고 건강하게 생활하기 위해서는 극복해야 하는 스트레스가 있고, 이를 위해서는 사회화기(P.160)를 어떻게 보내는가가 매우 중요하다.

무서워서 짖는다

문제 행동에도 이유가 있다

문제 행동이란?

개의 행동에는 정상, 이상, 문제 3 종류가 있다. 개에게 정상적인 행동이라도 보호자가 용인하기 어려운 행동은 유감스럽게도 문제 행동이라고 한다.

예를 들어 심하게 짖거나 변을 먹는 식분증, 장소나 물건을 지키기 위한 위협 등 문제 행동으로 분류되는 것 중에는 개 입장에서 정상이거나 이유가 있는 것도 적지 않다.

개의 문제 행동의 65%는 세력성, 공포성, 공격성으로 인한 것이다. 또한 분리 불안이나 부적절한 배설 등 스트레스로 나타나는 문제 행동도 있다. 문제 행동의 상당수는 성장기에 사회화가 적절하지 못했기 때문으로 본다. 나아가 무리한 사육이나 부적절한 사육을 강요하는 경우도 원인이 되며, 이 경우 사람이 문제 행동을 형성했을 가능성이 있다.

문제 행동을 예방하려면

문제 행동을 수정하는 데는 시간과 노력과 끈기가 필요하다. 그러므로 어린 강아지 시기의 사회화를 통한 성격 형성과 훈육이 중요하다. 만약 문제 행동의 싹이 보인다면 다음과 같은 트레이닝이 효과가 있다.

- **타임아웃 :** 문제 행동을 일으켰을 때 보호자가 그 자리를 떠난다든지 관심을 주지 않는다. 문제 행동이 사라졌을 때 칭찬으로 간식을 준다.
- **규격화 :** 식사나 산책 전 혹은 문제 행동 직전에 '아이 콘택트'나 '기다려'를 한다.

반대로 방치와 벌은 문제 행동이 악화되므로 삼간다.

트레이닝을 해도 차도가 없이 계속 불안이 심한 경우는 임상 행동 전문의에게 진찰을 받아보기를 권한다. 증상에 따라서는 정신적인 면을 고려해 항우울제를 처방하기도 한다.

어쩌지…문제 행동 대처법

문제 행동의 해결은 반려견 일생의 행복과 연계되어 있다.
정도가 심할 때는 신뢰할 수 있는 전문가의 의견이 필요하다.
신뢰할 만한 정보를 바탕으로 올바른 방향으로 안내하자.

분리 불안

보호자의 부재에 불안을 느끼는 일종의 불안 행동. 신체 변화로는 침을 흘리거나, 설사, 구토, 호흡과 심박수 증가 등. 행동 변화로는 집에서도 보호자 졸졸 따라다니기, 파괴, 계속 짖어대기 등.
【대처법】 집 안에서도 각자의 시간을 갖거나 옆방으로 이동하는 등 짧더라도 떨어지는 훈련부터 연습한다. 안심할 수 있는 공간(케넬 등)을 만들어주는 것도 중요하다.

공격 행동

사냥 행동, 자기주장을 위한 적극적인 공격, 공포에서 회피하기, 음식이나 세력권을 지키기 위한 방어적인 공격이 있다. 본능에서 나온 행동이지만 물기 등 심한 공격은 사람과 함께 생활하는 데 문제가 된다.
【대처법】 공격의 이유에 따라 다르지만 식사할 때 방해하지 않기, 자는 동안 건드리지 않기 등 원인이 되는 상황을 회피한다

상동 행동

꼬리를 따라 돌거나 문다, 그림자나 빛을 쫓아다닌다, 몸을 핥는다 등의 행동이 비정상적인 빈도로 일어나거나, 생활에 지장을 초래한다든지, 부상을 입기도 한다. 스트레스, 무료함, 갈등, 불안 등이 원인. 질병이 있을 때도 나타날 수 있으므로 잘 구별한다.
【대처법】 원인을 파악하면 이를 피한다. 진정제로 대처하지만 그럼에도 계속되면 예컨대 꼬리를 무는 행위에는 꼬리를 잘라내기도.

심한 짖음

개 입장에서는 심한 것이 아니라 흥분, 불안, 요구, 경고 등으로 짖는 것이다. 짖는 것이 본업인 견종(목양견 등)이나 쉽게 흥분하고 불안이 많은 개에게서 많이 나타난다.
【대처법】 집 밖의 행인에게 짖는다면 커튼이나 시트로 보이지 않게 가린다. 텐션이 너무 올라가서 짖는 것이라면 흥분을 돋우지 않는 등 원인이 되는 상황을 회피한다.

지루해하거나 흥이 너무 오르거나, 장난을 칠 때도 있지만
이 모두가 문제 행동은 아니랍니다.

다양한 경험을 하게 하자

마음이 형성되는 시기의 경험이 중요하다

어미견과 함께하는 것의 장점

일본은 2019년 6월에 생후 8주령(56일령) 이하 강아지의 판매를 금지하는 내용이 포함된 개정 동물보호법을 공표했다. 8주령인 이유는 강아지 탄생 후 이 시기가 뇌의 신경 계통이 형성되어가는 발달 단계인 것과, 어미견의 품에서 형제와 함께 안심하고 생활하는 것이 건강한 심신의 성장에 중요하기 때문이다.

어미견 그리고 형제와 놀고 투닥거리는 교류를 통해 개들만의 소통과 보디랭귀지, 흥분과 입질 제어와 같은 기본 규칙을 배운다. 부모 형제와 너무 빨리 떨어져 이 과정을 제대로 거치지 못하면 이후 개만 보면 싸움을 걸거나, 반대로 모든 것에 겁을 내는 등 공격성이나 공포심을 갖기 쉽다고 한다.

이 시기를 포함해 14주령까지는 사람과 함께 생활하는 경험을 포함해 다양한 사회 체험을 하고 순응해야 할 시기라는 의미에서 '사회화기'라고 한다.

보호자와 함께 배워야 할 것

강아지는 실로 주 단위라고 표현할 수 있을 정도의 속도감으로 성장하므로 사회화기의 성장 방식, 풍부한 체험이 이후 생활에 대단히 중요하다.

문제 행동의 대부분이 사회화기의 발달 단계에서 경험하지 못한 일에 대한 공포심이나 스트레스가 주요 원인이 되기 때문이다. 예를 들면

세상이 보이는 시기는 생후 12일경.
3주령을 지나면 곧잘 걸어 다닌다.

"응? 저건 뭐지?"
강아지는 호기심이 왕성.

건강편 PART 4 마음 읽기

곁에 있는 것만으로도 위로가 된다.

보호자 외의 사람과 만난 적이 없다 ⇨ 사람을 보면 짖는다

스킨십을 경험하지 못했다 ⇨ 몸을 만지면 화를 낸다

항상 함께했다 ⇨ 사람이 보이지 않으면 짖는다, 혼자 집을 지키지 못한다

강아지는 8주령경부터 조금씩 어미 품을 떠나기 시작하며 공포심과 경계심이 싹튼다. 그리고 두뇌도 완전하게 가동하여 발달한다.

이 중요한 시기에 다양한 경험을 함으로써 이후 미지의 상황에서도 공포나 경계, 불안을 느끼지 않는 사회성을 익히게 된다.

남녀노소 다양한 사람과 만나기, 자전거와 자동차·오토바이 보여주기, 아스팔트·모래·흙 등 다양한 지면에서 걷기, 참새와 까마귀 만나기 등 반려견에게 알려주고 싶은 경험은 헤아리기 힘들 정도이며, 많을수록 좋다.

차후에 스트레스가 될 것 같은 일, 예컨대 이 닦기나 브러싱, 병원 진찰 등도 이 단계에서 해결하면 반려견의 미래 스트레스를 해소할 수도 있다.

14주령경까지 체험하지 못한 것은 낯선 사람, 물건, 사건으로 받아들여 공포, 경계, 불안의 원인이 되는데 이후 이것을 해소하기가 간단치 않다. 사회화기에 겪은 일은 강아지의 뇌리에 깊이 남기 때문이다. 심각한 상처가 되는 체험을 한 경우 이것이 일생의 트라우마가 되기도 하므로 주의하자.

건강편

PART 5

노령기 돌봄 ~건강 장수를 위해~

평균수명이 길어져서,
사람과 마찬가지로 개도 노령기를
어떻게 관리해야 할지
고민해야 할 시대이다.

시간을 앞지른 반려견을 위해

아장거리던 앳된 모습이 생생한데 어느새 내 나이를 추월해버렸다. 대형견이라면 6세, 소형견은 10세 정도부터 장년기로 보고 건강과 생활 습관을 다시 점검해야 한다. 노후를 어떻게 보낼까? 해야 할 일과 생각해야 할 문제는 사람과 같다. 균형 잡힌 식사, 스트레스 없는 생활, 정기적인 건강검진 등. 나이를 먹으면서 병이 발견되기도 하지만 무엇보다 조기 발견·조기 치료가 최선이다. 가급적 건강을 유지하면서 행복한 20세를 목표로 하자.

개와 사람의 나이 비교표

개 나이	사람 나이			
	소형견	중형견	대형견	초대형견
1세	15세	15세	14세	12세
2세	23세	24세	22세	20세
3세	28세	29세	29세	28세
4세	32세	34세	34세	35세
5세	36세	37세	40세	42세
6세	40세	42세	45세	49세
7세	44세	47세	50세	56세
8세	48세	51세	55세	64세
9세	52세	56세	61세	71세
10세	56세	60세	66세	78세
11세	60세	65세	72세	86세
12세	64세	69세	77세	93세
13세	68세	74세	82세	101세
14세	72세	78세	88세	108세
15세	76세	83세	93세	115세
16세	80세	87세	99세	123세
17세	84세	92세	104세	—
18세	88세	96세	109세	—
19세	92세	101세	115세	—

나이를 먹은 걸까?

개는 사람보다 나이 먹는 속도가 훨씬 빨라요

노화의 징조

대략 대형견 9세, 중형견 12세, 소형견 13세 정도가 되면 노령견으로 인식한다.

다음과 같은 징조가 나타나면 반려견이 노령에 접어든 것이다.

- **얼굴과 몸에 흰 털이 보인다**
- **백내장이 시작되어 시력이 저하**
- **반응이 느리고, 귀가 잘 들리지 않는다**
- **체력 저하로 동작이 느려진다**
- **수면 시간이 길어진다**
- **체온 조절 기능이 저하된다 등**

브러싱과 아이 콘택트 등 매일의 소통을 통해 식욕과 산책, 수면 상태를 관찰해 반려견의 변화를 세심하게 감지한다.

오랜 시간을 함께한 소중한 가족.

노화에 대한 마음가짐

노화는 어느새 슬그머니 시작된다. 그렇다고 산책을 기피하면 근력이나 체력이 저하되므로 적당한 정도로 지속하는 것이 중요하다. 산책하는 동안 시각과 청각, 후각 등 감각을 사용하는 자극을 많이 받으므로 뇌 활성화로도 이어진다. 또한 보행 속도와 호흡, 배설물 상태 등으로 건강 변화를 조기에 알아챌 수 있다.

개의 노화에 동반한 생리 현상으로 감각계, 근골격계, 신경계, 소화기계, 비뇨기계, 심혈관계 기능이 변화한다. 또한 뇌 기능이 노화되면서 정신, 인지, 활동에 변화가 나타난다.

노화에 따라 백내장, 관절염, 치아 질환, 신장 질환, 심장 질환, 갑상샘 항진증/저하증, 종양 등의 병에 걸리는 비율이 상승한다.

신경 전달 물질의 장애로 불안 증가와 인내심 저하가 나타나며, 천둥 등에 대한 공포로 짖어대는 불안 장애, 혼자 집을 지키는 동안 분리 불안이 커진다. 이것이 문제 행동으로 나타나는 경우도 있다.

감각 기능 저하, 근골격계 문제에 대해서는 환경 측면을 정비해주는 것도 필요하다. 다만 대대적인 변화는

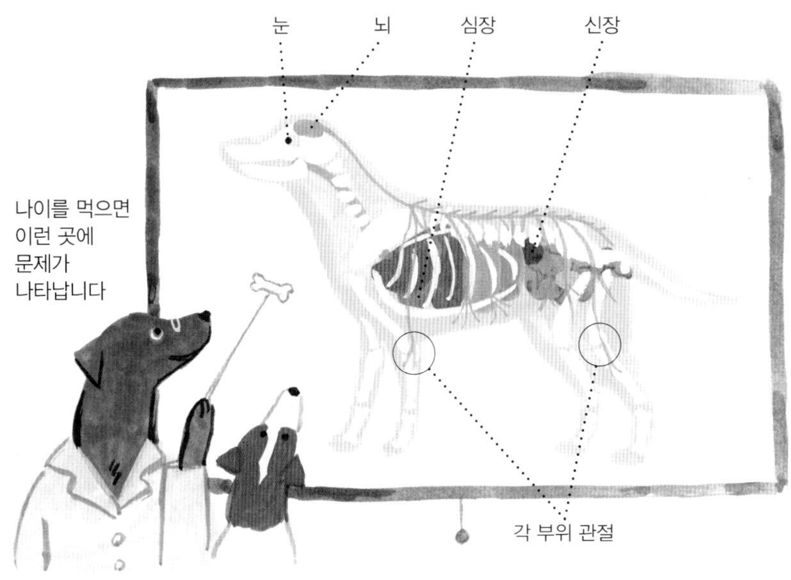

노령견에게 불안을 줄 수도 있으므로 주의하자. 무리하게 강요하지 않기, 혼내지 않기, 싫어하는 것은 시키지 않도록 유의하자. 그러나 때로는 산책 코스를 바꾸거나, 장난감 놀이 등을 통해 자극과 사회적 교류를 이어가는 것도 필요하다.

노령견에게 많은 질병

사람과 마찬가지로 개도 나이를 먹으면 병이 늘어난다. 당뇨병, 악성 종양, 심장 질환 등 생활 습관병(P.150) 외 다음과 같은 것이 있다.

- **신부전 :** 신장 기능이 노화로 저하되고, 소변을 농축하지 못해 색이 옅어진다. 다음·다뇨 증세가 보이면 만성 신부전을 의심한다.
- **관절 구축 :** 근육의 유연성이 떨어져 관절 움직임이 나빠진다.
- **핵 경화 :** 눈 수정체 중심부의 투명도가 떨어진다. 백내장과 병행해서 나타나기도 한다.
- **백내장 :** 안구 내 수정체가 뿌옇게 흐려지고 눈동자가 하얗게 된다. 시력 저하로 잘 부딪힌다. 나이 외 유전적 요인으로 발병하기도 한다.

강아지 때부터 애착하는 물건인가?

깜빡깜빡해서 걱정이다

개도 치매에 걸리므로 행동 변화를 놓치지 말 것

치매란

치매는 노화로 인해 뇌 기능이 저하돼 행동에 변화가 나타나는 것으로, 아직 해명되지 못한 부분이 많다. 역학적으로는 나라마다 차이가 있지만 중형견의 경우 11세경부터 징후가 보인다.

확정 진단은 없고 다양한 행동을 종합해 평가하는 방법이 이용된다. 오른쪽의 표는 진단에 활용되는, 1997년에 작성된 '치매견 진단 기준 100점법'이다. 먹기와 걷기 등 10개 항목을 체크해 합계 점수로 치매 단계를 진단한다. 각 항목을 체크해 합계 50점 이상이면 '치매견'으로 판단한다.

발병된 경우 근본적 치료는 없고 대증요법이 이루어진다. 반려견의 요구를 헤아리면서도 보호자의 부담도 줄이는 것이 우선이다.

설령 반려견의 행동에 변화가 나타나도 변함없이 애정을 가지고 낙관적으로 생활하는 것이 좋다.

치매 사인

치매 징후는 의미가 없이 짖는다든지, 벽에 부딪히거나, 평소 잘하던 일을 어려워하는 등, 문제 행동이나 노화와는 확연히 다른 양상을 보인다. 사람의 치매와 공통점은 뇌 대뇌피질 위축이 일어나는 것이고, 차이점은 사람에 비해 조기 발견이 어렵다는 것이다. 이상하다고 느꼈다면 우선은 수의사의 진단을 받도록 하자. 뇌 타박상이나 종양의 가능성이 있다면 CT, MRI 등 영상 검사를 한다.

다만 노령견은 심장 등 부담이 우려되는 전신 마취에 대해서는 수의사와 긴밀한 상담이 필요하다.

치매견과의 생활

치매 진단을 받으면 조기에 행동요법이나 식사요법을 시행하여 반려견의 심신의 건강을 도모한다. 진정제나 신경차단제를 통한 약물요법도 있으나 치매를 치료하는 특효약은 아니다.

반려견이 아프다, 춥다, 자세를 바꾸고 싶다, 산책을 하고 싶다 등의 의사를 보이면 요구에 응해준다.

이로써 약물 사용을 줄일 수도 있다. 대소변을 지리거나 배회한다면 간호용 매트나 펫 시트, 안전 울타리 등을 이용한다.

안정을 취하면 부교감신경이 활성화되고, 혈관이 확장돼 뇌 혈류량이 증가한다. 개는 보호자의 긴장을 민감

치매견 진단 기준 100점법

30점 이하…노령견(정상) 31~49점…치매 예비견 50점 이상…치매견
※각 항목에서 가장 높은 점수를 합하면 100점이 된다.

항목	상태	점수
식욕·설사	①정상	1점
	②비정상으로 먹을 때가 있지만 설사도 한다	2점
	③비정상으로 먹고 설사를 하기도, 하지 않기도 한다	5점
	④비정상으로 먹지만 거의 설사를 하지 않는다	7점
	⑤비정상으로 무엇을 아무리 먹어도 설사를 하지 않는다	9점
생활 리듬	①정상	1점
	②낮 활동이 줄고 밤낮으로 잠을 잔다	2점
	③낮밤 잠을 자는 일이 많아졌다	3점
	④낮밤 식사 시간 외에는 죽은 듯이 자다가 한밤중부터 새벽에 갑자기 일어나 돌아다닌다	4점
	⑤위의 상태를 사람이 제지하는 것이 불가능하다	5점
후퇴 행동	①정상	1점
	②좁은 곳에 들어가려 하고 전진이 힘들면 후퇴한다	3점
	③좁은 곳에 들어가면 전혀 후퇴를 하지 못한다	6점
	④③의 상태이지만 방의 직각 코너에서는 돌기가 가능하다	10점
	⑤④의 상태이면서 방의 직각 코너에서도 돌지 못한다	15점
보행 상태	①정상	1점
	②일정 방향으로 비실비실 걷고 뒤뚱거리는 움직임을 한다	3점
	③일정 방향으로만 비실비실 걷고, 선회 운동(큰 원 운동)을 한다	5점
	④선회 운동(작은 원 운동)을 한다	7점
	⑤자기 중심의 선회 운동을 한다	9점
배설 상태	①정상	1점
	②배설 장소를 때때로 잘못 찾는다	2점
	③장소에 상관없이 배설한다	3점
	④실금한다	4점
	⑤자면서도 배설한다(무의식중에 배설하는 상태)	5점
감각기 이상	①정상	1점
	②시력이 저하되고 귀도 멀어진다	2점
	③시력과 청력이 확실하게 저하돼 무엇이든 코를 가져다 댄다	3점
	④시력을 거의 상실하고 냄새를 비정상적으로 또는 과하게 맡는다	4점
	⑤후각만 비정상적으로 민감하다	6점
자세	①정상	1점
	②꼬리와 머리가 내려가 있다, 거의 정상적으로 선 자세를 하지 못한다	2점
	③꼬리와 머리가 내려가고 기립 자세를 하지만 균형을 잃고 비실댄다	3점
	④지속적으로 멍하니 서 있을 때가 있다	5점
	⑤이상한 자세로 잘 때가 있다	7점
울음소리	①정상	1점
	②울음소리가 단조로워진다	3점
	③울음소리가 단조롭고 큰 소리를 낸다	7점
	④한밤중부터 새벽 사이 정해진 시간에 갑자기 울어대지만 어느 정도 제지 가능	8점
	⑤④와 같고 마치 무언가가 있는 것처럼 울어대고 제지가 힘들다	17점
감정 표출	①정상	1점
	②타인 및 동물에 대해 반응이 둔하다	3점
	③타인 및 동물에 대해 반응하지 않는다	5점
	④③의 상태이면서 보호자에게만 간신히 반응한다	10점
	⑤③의 상태이면서 보호자에게도 반응하지 않는다	15점
습관 행동	①정상	1점
	②학습한 행동 혹은 습관적 행동을 일시적으로 잊는다	3점
	③학습한 행동 혹은 습관적 행동에 부분적으로 지속성을 상실한다	6점
	④학습한 행동 혹은 습관적 행동을 거의 잊었다	10점
	⑤학습한 행동 혹은 습관적 행동을 완전히 잊었다	12점

하게 알아채므로 편안하게 대해주는 것이 중요하다.

불량한 음식은 피하고, 양질의 식재료로 만든 사료를 먹인다. 또한 뇌에 자극을 주는 의미에서도 산책이 중요하다. 카트에 태워서라도 실외로 나간다. 평소 다녔던 곳을 산책하면 뇌에 좋은 자극이 된다.

스킨십이나 말을 걸어주는 것도 뇌 활성화에 좋다. 좋은 자극은 치매 예방에 도움이 되고, 불쾌한 스트레스는 치매를 악화시키므로 주의한다.

예방으로는 수의사와 상담 후 항산화제, 건강기능식품을 챙겨주는 방법도 있다. 그 외 항산화 성분을 함유한 아르기닌, 오메가3 지방산(EPA와 DHA), 비타민 B군 등이 활성산소 생성을 예방한다.

나이 들어도 건강했으면

정기검진을 빼먹지 말고 주거 환경과 식사를 점검한다

늙은 반려견을 위해

나이를 먹으면 개도 운동 기능이 쇠퇴하고 기초대사 기능이 떨어진다. 이로 인해 산책을 싫어한다든지, 잘 먹던 사료가 맞지 않기도 한다. 노령견과 생활하는 데 필요한 것을 알아보자.

정기검진 : 나이가 들면 여러 질병이 생긴다. 6개월에 한 번은 정기검진을 받도록 하자. 정기검진을 통해 병을 조기에 발견하고 신속하게 치료를 시작할 수 있다. 위중한 질병 소견이 나왔다면 2차 진료를 소개받거나, 다른 병원을 찾아 다양한 의견을 들어볼 수도 있다.

안전한 집 환경 만들기 : 몸이 생각대로 기능하지 않고, 시력이 저하되기 때문에 실내에서는 미끄럼 방지 대책을 세우고, 턱이 있는 곳에 경사면을

만든다든지, 부딪혀도 다치지 않도록 기둥이나 가구에 보호대를 대준다. 또한 추락 방지를 위해 계단 진입을 금지하는 등 환경을 전체적으로 안전하게 바꿔줄 필요가 있다.

노령견이 되면 체온 조절 기능이 떨어지므로 여름 더위, 겨울 추위, 급격한 기온 차에는 주의가 필요하다. 실내에서 생활하는 경우 여름은 26~28℃,

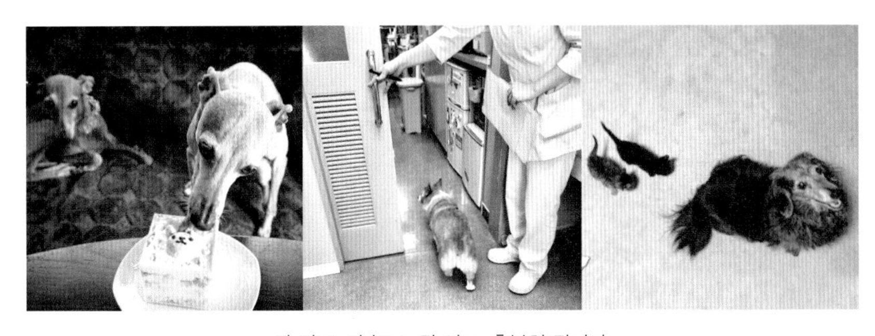

잘 먹고, 잘 놀고, 잘 걷고, 충분히 잡니다.
정기검진도 연 2회 받도록 해요.

나이를 먹으면 수면 시간이 길어진답니다.

겨울은 20℃를 기준으로 가급적 일정 온도를 유지한다. 산책할 때 관절 사용과 걷는 모양을 유심히 살피고, 헐떡이는 팬팅 호흡을 하며 이상이 느껴지면 무리하지 말고 휴식한다.

식사 : 기초대사 기능이 떨어지므로 '노령견용'으로 표시된 저칼로리면서 단백질이 풍부하고, 지방산이 배합된 사료로 바꾼다. 한 번에 먹는 양이 줄었다면 몇 차례로 나누어 준다. 건식 사료를 먹기 힘들어하면 습식 사료로 바꾸거나, 따뜻한 물이나 국물을 더해 주면 먹기 수월해진다.

컨디션 체크 : 몸을 만져보고 체온에 변화가 없는지, 통증이나 부기는 없는지, 산책 거리, 식사량 등을 확인한다.

장수의 비결

중요한 것은 잠, 식사, 운동, 청결한 생활환경이다. 또한 노령견이 되면 기본적인 루틴(습관)이 무너지지 않는 생활 스타일을 만들어야 한다.

청결한 환경에서 편안하게 숙면을 취하고, 좋아하는 식사를 정해진 횟수, 정해진 양만큼 먹는다. 밖으로 나가 규칙적으로 산책과 운동을 하며 햇볕을 쏘인다.

이것이 스트레스 없는 동물의 자연스러운 일상이다.

사는 것에 감사하는 마음이 반려견에게도 전해지면 심리적으로도 안정된다.

간병은 얼마나 힘들까?

반려견과 보호자의 부담을 줄이고 쾌적한 생활을 목표로

병상 생활을 예방하려면

최대한 오래 건강하게 생활하려면 비만이 되지 않는 것이 중요하다. 이로써 관절에 가는 부담도 줄어든다. 만성 관절염이 발병하면 자칫 내내 누워 지내는 불상사로 이어지기도 한다.

필요하다면 약이나 건강기능식품을 먹어서 관절염 진행을 억제할 수 있지만 적당한 운동을 통해 근육량을 유지하는 것이 가장 좋은 예방법이다. 다리가 약해졌어도 무리가 되지 않는 거리와 보폭으로 산책을 지속한다.

보호자가 지탱해가면서 걷는 보조 보행 방법도 효과가 있으며, 반려견이 걸으려는 의지를 계속 유지할 수 있다. 몸을 움직여야 전신 혈행이 촉진되고, 관절 움직임이 개선되며, 보행 능력도 향상된다. 나아가 식욕 부진이나 소화불량이 개선된다. 건강 유지 차원만이 아니라 스트레스 해소에도 도움이 된다. 보조 보행 방법은 목욕 타월을 반려견의 허리 아래에 두르고 이것을 끌어 올려 허리를 잡아줌으로써 균형을 잡으면서 걷는다. 하니스형 보조 보행용품도 판매한다.

누워 있을 때 다리 관절을 굽혔다가 펴준다든지, 앞뒤로 움직여주면 스트레칭이 된다. 다리를 중심으로 말초순환을 좋게 하는 마사지를 해주면 다리의 혈행이 개선되고 욕창을 예방할 수 있다.

특히 욕창에 주의

내내 누워 있는 개의 가장 큰 문제는 욕창이다. 오랜 시간 자면서 바닥과 계속 접촉하는 부위는 괴사나 화농이 생긴다. 하루 3~4회, 체위를 바꿔주는 것이 좋으나, 개마다 좋아하는 자세가 있어서 좀처럼 쉽지 않다. 아래에 부드러운 매트를 깔고 뼈가 튀어나와 있는 부분에 두꺼운 타월을 대주는 것도 효과적이다. 기저귀를 하고 있다면 자주 갈아주고 배설 부위의 털을 깎아주면 청결을 유지할 수 있다.

식사와 물은 천천히

누워서 식사를 할 때는 기관지나 폐에 이물질이 들어가기 쉬워서 자칫 오연성 폐렴을 유발할 수 있다. 식사는 반드시 엎드려 자세로 주고 머리를 살짝 들어준다. 물은 특히 기관지에 들어가기 쉬우므로 손가락에 묻힌 물을 핥아 먹게 한다든지 주사기를 이용하는 등의 방법으로 천천히 마실 수 있도록 한다.

언젠가는 이별이 찾아와요

고마워.
함께라서 행복했어

이별의 마음가짐

괴로운 일이지만 대개 반려견이 우리보다 먼저 무지개다리를 건너가게 된다. 소중한 존재를 잃어버린 상실감에 빠져 슬픔의 심연에서 좀처럼 헤어나오지 못하는 경우도 있다. 비탄스러운 마음이 드는 것은 매우 당연하다.

쉽지는 않으나 그날이 올 것을 인정하고 마음의 준비를 해두는 것이 이후 이어질 일상을 위해 중요하다.

심신의 괴로움을 다소 완화하기 위해서는 무엇보다 지금 반려견과 함께 생활하면서, 특히 병간호를 하는 경우 후회가 남지 않도록 판단하고 행동하는 것이 중요하다. 이런 마음으로 최선을 다하고, 충분히 사랑을 주고받으며, 행복한 시간을 보냈다는 충족감이 생기면 슬픔도 조용히 받아들일 수 있을 것이다.

회복의 과정

언젠가는 깊은 슬픔에서 다시 일어서지 않으면 안 된다. 하지만 슬픈 마음을 성급히 봉해버릴 필요는 없다. 사랑하는 대상과의 이별 시기에 어떻게 슬퍼하는가 하는 '애도 작업(Mourning Work)'이 중요하다. 얼마간은 심신을 쉬고, 추억하고 슬퍼하며 충분히 애도하는 시간을 갖는다. 무리하게 잊으려 할 필요는 없고 추억의 물건을 지니고 다닌다든지, 행복을 주던 반려견에게 감사하며 인연을 계속 유지하는 것은 바람직한 자세이다.

이때 반려견을 키우는 친구 등 신뢰할 수 있는 사람과 대화를 나누면서 고독감을 완화하는 것도 도움이 된다. 다만 정신적으로 너무 힘들고 생활에 지장이 있다면 의료 기관을 찾아 상담하는 것도 좋다.

색인

병명

증상·기타

영양 훈련 건강

강아지 대백과

초판 1쇄 발행 2023년 2월 15일

지은이 노자와 노부유키
옮긴이 송수영
펴낸이 명혜정
펴낸곳 도서출판 이아소
교 정 정수완
디자인 황경성

등록번호 제311-2004-00014호
등록일자 2004년 4월 22일
주소 04002 서울시 마포구 월드컵북로5나길 18 1012호
전화 (02)337-0446 **팩스** (02)337-0402

책값은 뒤표지에 있습니다.
ISBN 979-11-87113-58-4 13490

도서출판 이아소는 독자 여러분의 의견을 소중하게 생각합니다.
E-mail: iasobook@gmail.com